Vermessung der Seeschiffe

umfassend

Schiffsvermessungsordnung vom 1. März 1895
Instruktion zur Schiffsvermessung vom 26. März 1895
Vorschriften, betreffend die Vermessung der Schiffe für die Fahrt
durch den Suezkanal vom 30. März 1895.

Ausgabe 1908,
unter Berücksichtigung aller bis zum 12. April 1908
erfolgten Änderungen.

Herausgegeben

im

Reichsamt des Innern.

Mit 10 Tafeln und einem Hefte Anlagen.

Springer-Verlag Berlin Heidelberg GmbH 1908

ISBN 978-3-662-31783-9   ISBN 978-3-662-32609-1 (eBook)
DOI 10.1007/978-3-662-32609-1

Die Vorschriften über die Vermessung der Seeschiffe sind seit
1895 auf Grund folgender Beschlüsse und Erlasse abgeändert worden:

Bundesratsbeschlüsse (Bekanntmachungen des Reichskanzlers vom
22. Mai 1899, Reichs-Gesetzblatt S. 310,
7. Mai 1906, Zentralblatt f. d. Deutsche Reich S. 564,
12. April 1908, Zentralblatt f. d. Deutsche Reich S. 156,
12. April 1908, Reichs-Gesetzblatt S. 149) und

Erlasse des Staatssekretärs des Innern vom
26. März 1901 III 1247,
10. Juni 1905 III A 2351,
18. Dezember 1907 III A 7287 2. Angabe.

Deckblätter

für das Werk

„Vermessung der Seeschiffe".

Titelblatt (Rückseite). Am Schlusse ist hinzuzufügen:

Bundesratsbeschluß (Bekanntmachung des Reichskanzlers vom 11. Dezember 1913, Reichs-Gesetzblatt S. 780).

Seite 21. Am Schluß des § 14 ist hinzuzufügen:

> Der Abzug für die von der Treibkraft ein-
> genommenen Räume darf aber 55 vom Hundert des
> um die Abzüge unter A dieses Paragraphen vermin-
> derten Bruttoraumgehalts nicht übersteigen; nur bei
> den Dampfern, die nach ihrer Bauart und Einrichtung
> ausschließlich zum Schleppen von Schiffen bestimmt
> sind, bleibt die Größe dieses Abzugs unbeschränkt.*)

Auf Seite 21 ist folgende Fußnote hinzuzufügen:

---

*) Abgeändert durch Bundesratsbeschluß (Bekanntmachung vom 11. Dezember 1913, Reichs-Gesetzblatt S. 780). Danach tritt diese Vor-schrift am 1. Januar 1914 in Kraft. Meßbriefe bereits vor diesem Zeit-punkt vermessener Schiffe, die dieser Bestimmung nicht entsprechen, ver-lieren am 1. Januar 1915 ihre Gültigkeit; sie sind vom Reeder auf Ersuchen der Behörde gegen Aushändigung richtiggestellter Meßbriefe zurückzugeben. Die Änderung der Nettoraumgehaltsangaben in den Meß-briefen der vor dem 1. Januar 1914 vermessenen Schiffe ist vom Schiffs-vermessungsamt in die Wege zu leiten.

6802. 13. IIIa.

Inhaltsverzeichnis.

————

Schiffsvermessungsordnung.

Bekanntmachung,
betreffend
den Wortlaut der Schiffsvermessungsordnung.
Vom 1. März 1895.

Auf Grund des Artikels IV der Vorschriften vom 1. März 1895 zur Abänderung der Schiffsvermessungsordnung vom 20. Juni 1888 wird der Wortlaut der Schiffsvermessungsordnung in der durch diese Abänderungsvorschriften sich ergebenden Fassung nachstehend veröffentlicht.

Berlin, den 1. März 1895.

Der Stellvertreter des Reichskanzlers.
von Boetticher.

I. Allgemeine Bestimmungen.

§ 1.

Die nachstehenden Vorschriften finden Anwendung auf alle Schiffe, Fahrzeuge und Boote, welche ausschließlich oder vorzugsweise zur Seefahrt im Sinne der Bekanntmachung vom 10. November 1899 (Zentralblatt für das Deutsche Reich S. 380), betreffend Ausführungsbestimmungen zum § 25 des Flaggengesetzes vom 22. Juni 1899, bestimmt sind.*)

Den Landesregierungen bleibt überlassen, zu bestimmen, ob und in welchem Umfange Fahrzeuge unter 50 Kubikmeter Brutto-Raumgehalt, welche keine Einrichtungen zum dauernden Aufenthalt der Mannschaft haben, von der Vermessung ausgeschlossen bleiben können.

§ 2.

Zur Ermittelung der Ladungsfähigkeit der Schiffe wird deren Raumgehalt durch Vermessung festgestellt. Die Vermessung erstreckt sich mit den aus den nachstehenden Bestimmungen sich ergebenden Einschränkungen auf die unter dem obersten Deck des Schiffes befindlichen Räume und auf die auf oder über dem obersten Deck fest angebrachten Aufbauten.

---

*) Anmerkung 1 und 2 Seite 36.

Das Ergebnis dieser Vermessung, in Körpermaß ausgedrückt, heißt der Brutto-Raumgehalt und nach Abzug der in dem § 14 näher bezeichneten Räume der Netto-Raumgehalt des Schiffes.

§ 3.

Die Vermessung erfolgt nach dem in den §§ 4 bis 16 und 20 vorgeschriebenen vollständigen Verfahren.

Ausnahmsweise kann jedoch nach Maßgabe der §§ 18 und 19 ein abgekürztes Verfahren zur Anwendung gebracht werden, wenn das Schiff ganz oder teilweise beladen ist, oder Umstände anderer Art die Vermessung nach dem vollständigen Verfahren verhindern.

II. Vollständiges Vermessungsverfahren.

§ 4.

Dasjenige Deck, welches in Schiffen mit weniger als drei Decks das oberste und in Schiffen mit drei oder mehr Decks das zweite von unten ist, heißt das Vermessungsdeck.

Die unter dem Vermessungsdeck befindlichen Schiffsräume werden als Ganzes für sich vermessen.

Die über dem Vermessungsdeck befindlichen Räume, mögen sie durch Decks oder durch Aufbauten auf oder über dem obersten Deck gebildet sein, werden ein jeder für sich vermessen.

§ 5.

Die Vermessung des inneren Schiffsraumes unter dem Vermessungsdeck geschieht durch Aufnahme der Länge, einer je nach dieser Länge verschiedenen Anzahl von Querschnitten und durch Berechnung nach Maßgabe der §§ 6, 7 und 8.

§ 6.

Die Länge wird auf dem Vermessungsdeck in gerader Linie gemessen, und zwar von der inneren Fläche der Binnenbordsbekleidung (in mittlerer Dicke) neben dem Vordersteven bis zu der inneren Fläche des mittelsten Heckstützens, oder der mittschiffs am Heck befindlichen Bekleidung (in mittlerer Dicke).

Von dieser Länge wird ein Abzug gemacht, bestehend in dem Falle des Bugs in der Dicke des Decks, in dem Falle des Heckstützens in der Dicke des Decks und in dem Falle des Heckstützens in einem Drittel der Deckbalkenbucht.

Die auf diese Weise gefundene Länge wird in eine Anzahl gleicher Teile geteilt, und zwar

1. eine Länge bis zu 15 Meter in   4 gleiche Teile,
2.   =   =   =   = 37   =   =   6   =   =
3.   =   =   =   = 55   =   =   8   =   =
4.   =   =   =   = 69   =   = 10   =   =
5.   =   =   über 69   =   = 12   =   =

§ 7.

Auf jedem dieser Teilungspunkte wird ein Querschnitt des unter dem Vermessungsdeck befindlichen Schiffsraumes in folgender Weise gemessen:

Als Tiefe jedes Querschnitts wird der normale Abstand zwischen zwei Punkten gemessen, welche in einer zum Längenschnitt parallelen Ebene liegen, von denen der eine in der unteren Fläche des Vermessungsdecks oder deren Fluchtlinie, der andere in der oberen Fläche der Bodenwrange oder deren Fluchtlinie neben dem Kielschwein liegt, abzüglich eines Drittels der Deckbalkenbucht

in diesem Querschnitt und der mittleren Dicke der etwa
vorhandenen festen oder dauernd angebrachten Wegerung.

Bei Schiffen mit einem Doppelboden für Wasserballast,
bei welchem nach den vom Schiffsvermessungsamt hierüber
festzustellenden Grundsätzen der zwischen dem inneren und
äußeren Boden liegende Raum zur Aufbewahrung von
Ladung, Vorräten oder Brennstoffen nicht geeignet ist,
werden die Tiefen jener Querschnitte von der unteren
Fläche des Vermessungsdecks oder deren Fluchtlinie bis
zur oberen Seite der oberen Beplattung des Doppelbodens
gemessen, abzüglich eines Drittels der Deckbalkenbucht
des Vermessungsdecks und der mittleren Dicke der etwa
auf dem Doppelboden angebrachten Wegerung.

Beträgt die Tiefe des durch den mittelsten Teilungs=
punkt der Länge gelegten Querschnitts nicht mehr als fünf
Meter, so wird die Tiefe eines jeden Querschnitts in vier
gleiche Teile geteilt. Durch jeden der drei mittleren Tei=
lungspunkte, sowie durch den oberen und unteren Endpunkt
der Tiefe werden sodann die inneren Breiten jedes Quer=
schnitts rechtwinklig zur Längsschnittsebene gemessen, in=
dem jedes Maß bis zur inneren Fluchtlinie desjenigen
Teiles der Binnenbordsbekleidung genommen wird, welcher
zwischen den Vermessungspunkten liegt.

Zum Zweck der Berechnung des Flächeninhalts der
Querschnitte werden die gemessenen Breiten eines jeden
Querschnitts in der Weise numeriert, daß die oberste Breite
mit 1, die nächstfolgenden Breiten mit 2, 3, 4 und die
unterste Breite mit 5 bezeichnet wird. Die Summe, welche
sich ergibt, wenn die zweite und vierte Breite mit 4,
die dritte Breite mit 2 multipliziert und zur Summe
dieser Produkte die erste und die fünfte Breite addiert
werden, wird mit dem dritten Teile des gemeinsamen

Abstandes der Breiten voneinander multipliziert. Das Produkt ergibt den Flächeninhalt des Querschnitts.

Beträgt jedoch die Tiefe des durch den mittelsten Teilungspunkt der Länge gelegten Querschnitts mehr als fünf Meter, so wird die Tiefe eines jeden Querschnitts, anstatt in vier, in sechs gleiche Teile geteilt, so daß anstatt fünf Breiten sieben Breiten der Querschnitte zu messen sind. Die Messung und Berechnung geschieht in derselben Weise. Es werden nämlich die zweite, vierte und sechste Breite mit 4, die dritte und fünfte Breite mit 2 multipliziert und zur Summe dieser Produkte werden die erste und die siebente Breite hinzugezählt. Diese Gesamtsumme wird mit dem dritten Teile des gemeinsamen Abstandes der Breiten voneinander multipliziert, das Produkt ergibt den Flächeninhalt des Querschnitts.

§ 8.

Aus dem nach den Vorschriften des § 7 ermittelten Flächeninhalt aller einzelnen Querschnitte wird der körperliche Inhalt des unter dem Vermessungsdeck befindlichen Schiffsraumes in folgender Weise berechnet:

Die Querschnitte werden nacheinander mit 1, 2, 3 usf. in der Art numeriert, daß mit 1 der durch den Anfangspunkt der Länge am Bug und mit der letzten Nummer der durch den Endpunkt der Länge am Heck gelegte Querschnitt bezeichnet wird. Die Summe, welche sich ergibt, wenn jeder mit einer geraden Nummer bezeichnete Querschnitt mit 4, jeder mit einer ungeraden Nummer, mit Ausnahme der ersten und letzten Nummer, bezeichnete Querschnitt mit 2 multipliziert wird und zur Summe dieser Produkte die mit der ersten und der letzten Nummer bezeichneten Querschnitte — sofern diese überhaupt einen

Flächeninhalt ergeben haben — addiert werden, wird mit dem dritten Teile des gemeinsamen Abſtandes der Querſchnitte voneinander multipliziert. Das Produkt er= gibt den körperlichen Inhalt des unter dem Vermeſſungs= deck befindlichen Schiffsraumes.

§ 9.

(Fortgefallen.)

§ 10.

Hat das Schiff über dem Vermeſſungsdeck noch ein drittes Deck, ſo wird der körperliche Inhalt des Raumes zwiſchen dem dritten Deck und dem Vermeſſungsdeck (Zwiſchendeck) folgendermaßen beſtimmt:

Die innere Länge des Raumes wird auf halber Höhe desſelben von der inneren Fläche der Bekleidung neben dem Vorderſteven bis zur inneren Fläche der Bekleidung der Inhölzer am Heck gemeſſen. Dieſe Länge wird in dieſelbe Anzahl gleicher Teile geteilt, in welche die auf dem Vermeſſungsdeck gemeſſene Länge geteilt worden iſt (§ 6). An jedem dieſer Teilungspunkte wird zunächſt der normale Abſtand der unteren Fläche des dritten Decks von der oberen Fläche des Vermeſſungsdecks oder deren Fluchtlinien gemeſſen; das arithmetiſche Mittel dieſer Meſſungen iſt die mittlere Höhe des Raumes. An jedem der gedachten Teilungspunkte, ſowie an den End= punkten der Länge, am Vorderſteven und am Heck, werden die inneren Breiten nach Maßgabe des § 7 gemeſſen, und zwar ebenfalls auf halber Höhe. Bei Räumen, deren Seitenwände mit einer Abrundung in das obere Deck übergehen, ſind jedoch die Breiten nicht auf halber Höhe des Raumes, sondern auf einem Drittel der Rundung von unten zu messen.

Diese Breiten werden nacheinander mit 1, 2, 3 usf. in der Art bezeichnet, daß die Breite am Vordersteven Nummer 1 ist. Alle mit geraden Nummern bezeichneten Breiten werden mit 4, alle mit ungeraden Nummern bezeichneten Breiten, mit Ausnahme der ersten und der letzten Breite, werden mit 2 multipliziert. Die Summe dieser Produkte und der ersten und letzten Breite wird mit dem dritten Teile des gemeinsamen Abstandes der Breiten voneinander multipliziert. Das Produkt ergibt den Flächeninhalt der mittleren wagerechten Durchschnittsfläche, und dieser, mit der nach dem zweiten Absatz festgestellten mittleren Höhe des Raumes multipliziert, den Inhalt des gemessenen Raumes.

§ 11.

Hat das Schiff mehr als drei Decks, so werden die über dem Vermessungsdeck befindlichen Zwischendeckräume, ein jeder für sich, in der im § 10 beschriebenen Weise vermessen.

§ 12.

Der Raumgehalt derjenigen auf oder über dem obersten Deck fest angebrachten und geschlossenen Aufbauten, welche dem Brutto-Raumgehalt des Schiffes zugerechnet werden sollen, wird in folgender Weise festgestellt:

Es wird die innere mittlere Länge eines jeden solchen Raumes gemessen und in zwei gleiche Teile geteilt. In halber Höhe des Raumes werden ferner drei innere Breiten gemessen, und zwar je eine Breite durch jeden der beiden

Endpunkte, und die dritte durch die Mitte der gemessenen Länge. Zur Summe der beiden Endbreiten wird sodann das Vierfache der mittelsten Breite addiert und die Gesamtsumme mit einem Drittel des gemeinsamen Abstandes der Breiten voneinander multipliziert. Das Produkt ergibt den Flächeninhalt der mittleren wagerechten Durchschnittsfläche, und dieser, mit der mittleren Höhe des Raumes multipliziert, den körperlichen Inhalt desselben.

Die Stellen, an welchen die mittlere Länge und die hinterste Breite von Aufbauten zu messen sind, deren Hinterwand durch ein rundes Heck gebildet wird, werden nach näherer Vorschrift des Schiffsvermessungsamts bestimmt.

Bei Räumen, deren Seitenwände mit einer Abrundung in das Deck (Bedachung) übergehen, sind die Breiten nicht auf halber Höhe des Raumes, sondern auf einem Drittel der Rundung von unten zu messen.

Bei Räumen, welche durch viereckige ebene Flächen begrenzt sind, werden die innere mittlere Länge, Breite und Höhe gemessen und miteinander multipliziert. Das Produkt ergibt den körperlichen Inhalt des Raumes.

§ 13.

A. In den Brutto-Raumgehalt wird einvermessen:

   a) der Raumgehalt aller gedeckten und geschlossenen in dauernd angebrachten Aufbauten auf oder über dem obersten Deck belegenen Räume, welche von Bedachungen und festen Schotten derart eingeschlossen sind, daß die Räume zur Stauung von Gütern oder Vorräten sowie zur Unterbringung oder sonstigen Bequemlichkeit der

Schiffsbesatzung und der Passagiere dienen können;

b) derjenige Teil des Gesamt-Raumgehalts aller frei auf oder über dem obersten Deck befindlichen Luken, welcher ein halb Prozent des Brutto-Raumgehalts übersteigt.

B. Ausgenommen von der nach A a vorgeschriebenen Einvermessung in den Brutto-Raumgehalt sind, soweit sie in Aufbauten der dort bezeichneten Art liegen, folgende Räume:

a) alle gedeckten und geschlossenen ausschließlich für die Aufnahme von Hilfsmaschinen geeigneten und von letzteren tatsächlich eingenommenen Räume, sowie das Steuerhaus zum Schutze des Mannes oder der Leute am Steuer, wenn diese Räume nicht größer sind, als es für die bezeichneten Zwecke erforderlich ist;

b) jeder zum Schutze der Deckpassagiere auf kurzen Reisen gegen Unwetter und Seegang angebrachte Aufbau, wenn die Vermessungsbehörde vom Schiffsvermessungsamt hierzu beauftragt wird;

c) das Kochhaus (Kombüse) und der Raum für den Destillierapparat, sofern dieselben nicht größer als erforderlich sind, um dem Koch bei der Bereitung der Speisen, sowie dem Maschinisten beim Destillieren des Wassers für die Passagiere und die Schiffsmannschaft genügenden Schutz zu bieten;

d) die für die Schiffsoffiziere und die Schiffsmannschaft bestimmten Klosetts, falls dieselben eine angemessene Zahl und Größe nicht übersteigen.

Bei hauptsächlich für den Passagiertransport bestimmten Schiffen kann außerdem für je 50 Personen ein Klosett außer Rechnung bleiben. Die Zahl der von der Vermessung ausgeschlossenen Klosetts darf indessen im ganzen 12 nicht übersteigen.

III. Abzüge vom Brutto-Raumgehalt.

§ 14.

Von dem Brutto-Raumgehalt kommen zur Bestimmung des Netto-Raumgehalts in Abzug, jedoch nur dann, wenn diese Abzüge zuvor in den Brutto-Raumgehalt einvermessen sind:

A. Räume zum Gebrauch der Schiffsmannschaft und zur Navigierung des Schiffes, und zwar

1. alle geteilten Räume sowohl über wie unter dem obersten Deck, welche ausschließlich für die Mannschaft bestimmt sind, jedoch nur so lange, wie diese Räume von der zuständigen Aufsichtsbehörde als mit den Vorschriften der Bekanntmachung, betreffend die Logis-, Wasch- und Baderäume sowie der Aborte für die Schiffsmannschaft auf Kauffahrteischiffen, vom 2. Juli 1905 (Reichs-Gesetzbl. S. 563)*) in Übereinstimmung befindlich erachtet werden;

2. jeder Raum, welcher ausschließlich für den persönlichen Gebrauch des Schiffsführers bestimmt ist;

3. alle Räume, welche ausschließlich verwendet werden:

----

*) Anmerkung 3 S. 38.

a) zur Handhabung des Steuers, des Gangspills und für die Einrichtung zum Ankerlichten,

b) zur Aufbewahrung der Karten, Signalvorrich= tungen und anderer Navigationsinstrumente so= wie der Bootsmannsvorräte;

4. der von der Hilfsmaschine und dem Hilfskessel ein= genommene Raum, sofern diese maschinellen Ein= richtungen mit den Hauptpumpen des Schiffes in Verbindung stehen;

5. jeder Raum, der nur zur Aufnahme von Wasser= ballast bestimmt und nicht Doppelboden im Sinne des § 7, Abf. 3 ist;

6. bei Schiffen, für welche Segel der einzige Treib= apparat sind, jeder abgeteilte, ausschließlich zur Aufbewahrung der Segel verwendete Raum; jedoch darf dieser Abzug zweiundeinhalb Prozent des Brutto=Raumgehalts nicht übersteigen.

Jeder der oben genannten Räume muß, wenn ein Abzug gemacht werden soll, eine seinem Zweck angemessene Größe haben, dementsprechend hergestellt, eingerichtet und an gut sichtbarer Stelle mit einer Bezeichnung versehen sein, welche die Bestimmung des Raumes kennzeichnet.

Für die Vermessung gelten die im § 12 gegebenen Vorschriften.

B. Bei Schiffen, welche durch Dampf oder durch eine andere künstlich erzeugte Kraft bewegt werden, erfolgt ein fernerer Abzug vom Brutto=Raumgehalt für die von der Treibkraft eingenommenen Räume. Die Größe dieses Ab= zuges ist in nachstehender Weise zu ermitteln:

a) Bei Raddampfern werden, wenn derjenige Teil des Maschinenraumes, welcher ausschließlich von der Maschine und den Dampfkesseln eingenommen wird oder für die wirksame Tätigkeit und ordnungsmäßige Bedienung derselben erforderlich ist, mehr als 20 Prozent und weniger als 30 Prozent des Brutto=Raumgehalts beträgt, 37 Prozent des letzteren in Abzug gebracht.

Bei Schraubendampfern werden, wenn dieser Raum mehr als 13 Prozent und weniger als 20 Prozent des Brutto = Raumgehalts beträgt, 32 Prozent des letzteren in Abzug gebracht.

b) Wenn der unter a bezeichnete Teil des Maschinen=raumes eines Schiffes den unter a festgesetzten Größenverhältnissen nicht entspricht, kann der Ab=zug auch in der Weise bewirkt werden, daß der körperliche Inhalt dieses Raumes ermittelt und bei Raddampfern unter Zuschlag von 50 Prozent desselben, bei Schraubendampfern unter Zuschlag von 75 Prozent, von dem Brutto=Raumgehalt in Abzug gebracht wird.

Für die Wahl des einen oder des anderen Verfahrens im Falle b gelten folgende Grundsätze:

Beträgt die Größe des Maschinenraumes bei Raddampfern nicht mehr als 20 Prozent, bei Schraubendampfern nicht mehr als 13 Prozent des Brutto = Raumgehalts, so haben die Ver=messungsbehörden den Abzug nach der unter b angegebenen Regel zu bewirken, sofern sie nicht von dem Schiffsvermessungsamt ausdrücklich an=gewiesen werden, in der unter a beschriebenen Weise zu verfahren und demgemäß für die von der Treibkraft eingenommenen Räume im ganzen

37 bzw. 32 Prozent des Brutto-Raumgehalts in Abzug zu bringen.

Beträgt der Maschinenraum bei Raddampfern 30 Prozent oder mehr, bei Schraubendampfern 20 Prozent oder mehr des Brutto-Raumgehalts, so steht es dem Reeder frei, zu wählen, nach welcher der beiden Regeln der Abzug bewirkt werden soll. Macht derselbe hiervon keinen Gebrauch, so haben die Vermessungsbehörden nach der am Schluß des vorigen Absatzes gegebenen Vorschrift zu verfahren.

§ 15.

Die Vermessung der von der Maschine und den Dampfkesseln wirklich eingenommenen und für deren wirksame Tätigkeit und ordnungsmäßige Bedienung erforderlichen Räume ist in folgender Weise vorzunehmen:

1. Es wird die mittlere Tiefe des Raumes von der unteren Fläche des zunächst über der Maschine befindlichen Decks bis zur oberen Fläche der Bodenwrangen oder deren Fluchtlinie neben dem Kielschwein bzw. bis zur oberen Fläche des inneren Doppelbodens gemessen. In halber Höhe des Raumes werden mindestens drei Breiten gemessen. Aus den gemessenen Breiten wird das arithmetische Mittel genommen. Sodann wird die mittlere Länge des Raumes zwischen den denselben vorn und hinten begrenzenden Querschotten, oder den sonst als Begrenzung anzusehenden Stellen gemessen; hierbei ist jedoch darauf zu achten, daß solche Teile des Raumes, welche nicht tatsächlich von der Maschine und den Dampfkesseln eingenommen werden, oder

für die wirksame Tätigkeit und ordnungsmäßige Bedienung derselben notwendig sind, nicht mitgemessen werden. Die so ermittelten Hauptabmessungen des Maschinenraumes werden miteinander multipliziert. Das Produkt ergibt den körperlichen Inhalt des Maschinenraumes unter dem zunächst darüber gelegenen Deck.

Hierauf wird der Raumgehalt der über diesem Deck etwa noch befindlichen Räume, welche für die Maschine oder für den Zutritt von Licht und Luft zum Maschinenraume bis zum Oberdeck abgeschieden sind, in der Weise ermittelt, daß für jeden das Produkt aus seiner mittleren Länge, mittleren Breite und mittleren Tiefe gebildet wird. Der Gesamtinhalt dieser Räume wird sodann dem Inhalt des übrigen Maschinenraumes hinzugerechnet.

2. Befinden sich die Maschinen und die Dampfkessel in selbständigen, durch Schotte begrenzten Abteilungen, so wird der körperliche Inhalt jeder Abteilung nach den vorstehenden Regeln ermittelt. Die Summe des Raumgehalts derselben gilt als Inhalt des Maschinenraumes.

3. Bei Schraubendampfern gehört auch der von dem Wellentunnel eingenommene Raum zum Maschinenraum. Zur Ermittelung des körperlichen Inhalts desselben wird das Produkt aus der mittleren Länge, mittleren Breite und mittleren Tiefe des Tunnels gebildet. Besteht der Tunnel aus mehreren Abteilungen, so wird jede derselben für sich vermessen.

4. Die über dem Oberdeck belegenen Räume, welche für die Maschine oder für den Zutritt von Licht und Luft bestimmt sind, dürfen nur dann dem Maschinen= und Kesselraume sowie dem Brutto-Raumgehalt des Schiffes zugerechnet werden, wenn jene Räume eine entsprechende Ausdehnung haben, seefest hergestellt sind und zu keinen anderen Zwecken, als für die Maschine oder für den Zutritt von Licht und Luft zu der Maschine oder den Kesseln des Schiffes verwendet werden können.

§ 16.

Werden diejenigen Räume eines Schiffes, welche in Gemäßheit des § 14 vom Brutto-Raumgehalt in Abzug gebracht worden sind, später zu anderen, als den im § 14 angegebenen Zwecken nutzbar gemacht, so müssen sie dem Netto-Raumgehalt zugezählt werden. Ob zu diesem Zweck die Neuvermessung des Schiffes erforderlich ist, bestimmt die Vermessungsbehörde.

§ 17.

(Fortgefallen.)

IV. Abgekürztes Vermessungsverfahren.

§ 18.

Die Länge wird auf dem obersten Deck von der inneren Fläche der Binnenbordsbekleidung neben dem Vordersteven bis zur Hinterkante des Hinterstevens — bei Schiffen mit Patentruder bis zur Mitte des Ruderherzens — gemessen.

Es wird ferner die größte Breite des Schiffes gemessen zwischen den Außenflächen der Außenbordsbekleidungen oder der Berghölzer. Auf der größten Breite wird sodann die Höhe des obersten Decks außenbords an beiden Seiten vermerkt und mittels einer straff um das Schiff herum und rechtwinklig zum Kiel unter demselben durchgezogenen Kette die Länge derjenigen Linie gemessen, welche den einen der vermerkten Punkte unter dem Kiel hindurch mit dem anderen gegenüberliegenden Punkte verbindet. Zur Hälfte des so ermittelten äußeren Umfangs wird die Hälfte der größten Breite addiert. Die sich ergebende Summe wird mit sich selbst multipliziert, sodann mit der nach Abs. 1 ermittelten Länge des Schiffes multipliziert und das Produkt wird nochmals, und zwar, wenn das Schiff zumeist von Eisen erbaut ist, mit 0,18 (achtzehn Hundertstel), wenn es zumeist von Holz erbaut ist, mit 0,17 (siebzehn Hundertstel) multipliziert. Die gefundene Zahl ergibt den Inhalt des unter dem obersten Deck befindlichen Schiffsraumes in Kubikmeter.

§ 19.

Die Vermessung der gedeckten und geschlossenen Räume in dauernd angebrachten Aufbauten auf oder über dem obersten Deck erfolgt nach Maßgabe des § 12, die Abzüge vom Brutto=Raumgehalt nach Maßgabe der §§ 14 und 15.

V. Vermessung offener Fahrzeuge.

§ 20.

Für die Bestimmung des Brutto=Raumgehalts offener Fahrzeuge ist eine durch die Oberkante des obersten fest angebrachten Plankenganges horizontal gelegte Fläche als untere Fläche des Vermessungsdecks anzusehen.

Die Tiefen werden von denjenigen Querlinien ab gemessen, welche von Oberkante zu Oberkante des obersten fest angebrachten Plankenganges durch die Teilungspunkte der Länge gezogen sind.

Im übrigen kommen die Vorschriften der Abschnitte II und III zur Anwendung.

VI. Vermessungsbehörden und Ausfertigung der Meßbriefe.

§ 21.

Die Vermessung geschieht durch die von den Landesregierungen bestellten Vermessungsbehörden. Jeder solchen Behörde ist ein Schiffbautechniker als Mitglied zuzuordnen.

§ 22.

Die Aufsicht über das Schiffsvermessungswesen, einschließlich der Revision der Schiffsvermessungen, wird durch das Schiffsvermessungsamt ausgeübt. Dasselbe hat seinen Sitz in Berlin. Es ist dem Reichskanzler unterstellt.

§ 23.

Das Schiffsvermessungsamt ist befugt, die Vermessungsbehörden hinsichtlich der Handhabung der Vermessungsordnung mit technischen Anweisungen zu versehen; von den Aufzeichnungen und Berechnungen der Vermessungsbehörden Einsicht zu nehmen und die Abstellung der dabei vorgefundenen Mängel herbeizuführen; für solche Schiffe, auf deren Konstruktionsart einzelne Vorschriften der gegenwärtigen Vermessungsordnung nicht anwendbar sind, zu bestimmen, in welcher Weise die Vermessung geschehen soll, sowie die Vermessungsbehörden

zur Ausführung von Neuvermessungen und Nachver=
messungen auf Grund der §§ 16 und 35 anzuweisen.

Die Mitglieder des Schiffsvermessungsamts können
der Aufnahme der Messungen beiwohnen.

Sämtliche Vermessungsprotokolle sind von den Ver=
messungsbehörden dem Schiffsvermessungsamt einzu=
reichen.

§ 24.

Die Ausfertigung der Meßbriefe für

    a) diejenigen deutschen Schiffe, welche in ein nach
       dem Gesetze, betreffend das Flaggenrecht der
       Kauffahrteischiffe, vom 22. Juni 1899 (Reichs=
       Gesetzbl. S. 319)*) geführtes Schiffsregister
       nicht eingetragen werden,

    b) diejenigen fremden Schiffe, welche behufs Er=
       mittelung des Netto=Raumgehalts nachvermessen
       worden sind,

    c) die nach dem abgekürzten Verfahren vermessenen
       Schiffe,

erfolgt durch die Vermessungsbehörden unmittelbar auf
Grund der von ihnen ausgeführten Messungen.

Das Schiffsvermessungsamt ist befugt, die Ausstellung
eines neuen Meßbriefes anzuordnen, wenn der Inhalt
des ausgefertigten Meßbriefes zu Beanstandungen An=
laß gibt.

Für diejenigen nach dem vollständigen Verfahren ver=
messenen Schiffe, welche

    a) in ein nach dem Gesetze, betreffend das Flaggen=
       recht der Kauffahrteischiffe, vom 22. Juni 1899

---

*) Anmerkung 4 Seite 44.

(Reichs=Gesetzbl. S. 319)*) geführtes Schiffs=
register eingetragen werden, oder

    b) unter fremder Flagge fahren, sofern ihre Ver=
       messung nicht nur eine Nachvermessung (Abs. 1b)
       gewesen ist,

werden die von den Vermessungsbehörden vorgenommenen
Messungen und Berechnungen zunächst durch das Schiffs=
vermessungsamt geprüft.

Die Ausfertigung der Meßbriefe für diese Schiffe wird
auf Grund der Festsetzungen des Vermessungsamts durch
die von den Landesregierungen hierzu bestellten Behörden
bewirkt.

Diesen Behörden liegt auch die Mitteilung der von
ihnen für deutsche Schiffe ausgefertigten Meßbriefe an
die zuständigen Schiffsregisterbehörden, sowie die Prüfung
und Berichtigung der anzuwendenden Meßinstrumente
nach den Probemaßen ob.

Auf Antrag eines Bundesstaats kann der Reichs=
kanzler für das Gebiet dieses Bundesstaats die in den
Absätzen 4 und 5 bezeichneten Obliegenheiten dem Schiffs=
vermessungsamt übertragen.

§ 25.

Behufs Feststellung der Identität der Schiffe haben
die Vermessungsbehörden vor Ausfertigung der Meßbriefe
folgende Hauptmaße der Schiffe aufzunehmen:

    1. bei Schiffen mit Deck

        a) die Länge zwischen der hinteren Fläche des
           Vorderstevens bis zu der hinteren Fläche
           des Hinterstevens — bei Schiffen mit Patent=

____

*) Anmerkung 5 Seite 44.

ruder bis zur Mitte des Ruderherzens —
auf dem obersten festen Deck,

b) die größte Breite des Schiffes zwischen den
Außenflächen der Außenbordsbekleidungen
oder der Berghölzer,

c) die Tiefe zwischen der Unterkante des ober=
sten festen Decks und der Oberkante der
Bodenwrangen neben dem Kielschwein, oder
aber der oberen Fläche des inneren eisernen
Doppelbodens, wo ein solcher vorhanden ist,
in der Mitte der nach 1 a ermittelten Länge,

d) bei Dampfschiffen die größte Länge des Ma=
schinenraumes, einschließlich der festen Be=
hälter für Heizmaterial, zwischen den diese
Räume begrenzenden, von Bord zu Bord
reichenden Schotten.

Hat die Vermessung nach dem abgekürzten Ver=
fahren stattgefunden, so ist an Stelle der unter 1 c
bezeichneten Tiefe der nach § 18 ermittelte Um=
fang des Schiffes in der Außenfläche der Außen=
bordsbekleidung aufzunehmen.

2. bei offenen Fahrzeugen

a) die Länge zwischen der hinteren Fläche des
Vorderstevens bis zu der hinteren Fläche
des Hinterstevens in der Höhe der Ober=
kante des obersten Plankenganges,

b) die Breite zwischen den Außenflächen der
Außenbordsbekleidungen in der Mitte der nach
2 a ermittelten Länge,

    c) die Tiefe von dem im zweiten Absatz des
§ 20 angegebenen oberen Punkte bis zur
Oberkante der Bodenwrangen in der Mitte
der nach 2a ermittelten Länge.

§ 26.

Vor Beginn jeder Vermessung haben die Vermessungsbehörden sich zu vergewissern, ob das Schiff in seinem
gegenwärtigen Zustande schon bei einer deutschen Vermessungsbehörde nach dem in den §§ 4 bis 17 vorgeschriebenen vollständigen Verfahren vermessen worden ist,
und, wenn eine solche Vermessung stattgefunden hat, den
Antrag auf Vermessung abzulehnen.

Vor Ausfertigung der Meßbriefe (§ 27) haben die zuständigen Behörden (§ 24) sich zu vergewissern:

1. wenn die Vermessung des Schiffes durch Neubau
oder Umbau erforderlich geworden war, daß der
Bau beendet ist und daß alle Aufbauten auf dem
obersten Deck und alle räumlichen Einrichtungen
im Innern vollendet sind;

2. wenn die Vermessung ein mit einem älteren deutschen Meßbrief versehenes Schiff betrifft, daß dieser
Meßbrief zurückgeliefert (§ 29) oder dessen Verlust
glaubhaft nachgewiesen ist.

§ 27.

Über jede Vermessung wird ein Meßbrief ausgefertigt.

Neben der den Brutto- und Netto-Raumgehalt aus-
drückenden Zahl der Kubikmeter ist in den Meßbriefen zu-
gleich die entsprechende Zahl britischer Registertons an-

zugeben. Bei Umrechnung der Kubikmeter in britische Registertons wird ein Kubikmeter gleich 0,353 britische Registertons gerechnet.

Hat die Vermessung nach dem abgekürzten Verfahren stattgefunden, so ist in dem Meßbriefe der Grund zu vermerken, welcher der Anwendung des vollständigen Verfahrens entgegenstand. Nach Fortfall dieses Hinderungsgrundes muß, sobald das Schiff in einen deutschen Hafen gelangt, eine neue Vermessung nach dem vollständigen Verfahren vorgenommen werden.

§ 28.

Findet die Vermessung infolge einer räumlichen Veränderung durch Umbau statt, und ist für das Schiff bereits ein Meßbrief (§ 27) ausgefertigt, so werden die in dem bisherigen Meßbriefe enthaltenen Angaben über den Raumgehalt der durch den Umbau nicht veränderten Schiffsräume ohne nochmalige Vermessung in den neuen Meßbrief übertragen. Dasselbe Verfahren findet bei den in Gemäßheit des § 27 Abf. 3 erfolgenden Neuvermessungen bezüglich der auf Grund des § 19 bereits vermessenen Räume Anwendung.

§ 29.

Die mit Ausfertigung der Meßbriefe betrauten Behörden (§ 24) haben Listen zu führen, in welche der Inhalt aller ausgefertigten Meßbriefe nach dem Datum der Ausfertigung einzutragen ist. Sie haben alle auf die vorgenommenen Messungen und Berechnungen bezüglichen Aufzeichnungen sowie die zurückgelieferten Meßbriefe (§ 26 Nr. 2) aufzubewahren.

VII. Verpflichtungen der Erbauer, Reeder und des Führers eines Schiffes in bezug auf die Vermessung.

§ 30.

Die Vermessung der unter dem Vermessungsdeck befindlichen Räume neuer im Bau begriffener Schiffe ist, sobald das Vermessungsdeck gelegt ist, vorzunehmen. Die Erbauer des Schiffes sind verpflichtet, eine entsprechende schriftliche Anzeige der zuständigen Vermessungsbehörde rechtzeitig zugehen zu lassen.

§ 31.

Bei Schiffen, welche für deutsche Rechnung neu erbaut werden (einschließlich der im Auslande in Bestellung gegebenen), sind von dem Besteller nach Feststellung der Konstruktions- und Einrichtungspläne mindestens vier Wochen vor der Vermessung je zwei Kopien (Lichtpausen) der nachstehend aufgeführten Zeichnungen, welche letzteren den tatsächlichen Verhältnissen zur Zeit der Vorlage entsprechen müssen, der Vermessungsbehörde einzureichen:

1. eine Querschnittszeichnung, in welcher die Konstruktion des etwa vorhandenen Doppelbodens, sowie die Materialstärken angegeben sind;

2. eine Längenschnittszeichnung, aus welcher die Ausdehnung des etwa vorhandenen Doppelbodens, die Lage der wasserdichten, von Bord zu Bord reichenden Querschotte, erhöhter Wasserballastbehälter, Aufbauten, Luken und sonstiger Einrichtungen hervorgeht;

3. Deckpläne, aus welchen die Einrichtung und Bestimmung der einzelnen Räume zu ersehen ist;

4. Einrichtungszeichnungen der Maschinen-, Kessel-
   und Kohlenräume.

Die Zeichnungen müssen die vorgeschriebenen Angaben in derjenigen Vollständigkeit enthalten, wie sie nach dem Erachten des Schiffsvermessungsamts für die Revision der Vermessung erforderlich ist. Zu den Zeichnungen ist einer der bei Bauplänen üblichen Maßstäbe zu verwenden.

Bei etwaigen nachträglichen Veränderungen sind die Pläne baldtunlichst nachzuliefern.

§ 32.

Die Reeder und der Führer eines Schiffes sind verpflichtet, bei der Vermessung entweder selbst oder durch ihre Leute der Vermessungsbehörde jede Hilfe und jeden Aufschluß zu gewähren, welche diese für die Ausführung des Vermessungsgeschäfts beanspruchten. Ebenso haben sie den etwaigen Aufforderungen nachzukommen, welche die Vermessungsbehörde behufs Aufräumung des Schiffsraumes zum Zweck der Vermessung an sie richtet.

Ladung oder Ballast darf vor beendeter Vermessung ohne Zustimmung der Vermessungsbehörde nicht eingenommen werden.

§ 33.

Sind an einem Schiffe räumliche Veränderungen durch Umbau vorgenommen worden, welche bei Ausstellung des Meßbriefes nicht berücksichtigt sind, so hat, wenn der Umbau im Inlande ausgeführt wurde, derjenige, welcher den Umbau ausgeführt, der zuständigen Vermessungsbehörde oder, wenn der Umbau im Auslande ausgeführt wurde, der Führer des Schiffes der Vermessungsbehörde in dem ersten, von dem Schiffe angelaufenen inländischen Hafen eine schriftliche Anzeige von dem Umbau zu erstatten. Ob mit Rücksicht auf den Umbau eine Neuvermessung vorzunehmen ist, bestimmt die Vermessungsbehörde.

Eine gleiche Anzeige sind Reeder oder Führer eines Schiffes zu erstatten verpflichtet, sobald der Grund, welcher die Vermessung des Schiffes nach dem abgekürzten Verfahren (§ 27) bedingt hatte, in Fortfall gekommen ist.

§ 34.

Die in §§ 32 und 33 erwähnten Verpflichtungen bestehen auch bezüglich aller Veränderungen in der Benutzung derjenigen Räume, welche gemäß den Bestimmungen des § 14 von dem Brutto-Raumgehalt in Abzug gebracht worden sind.

§ 35.

Die Vermessungsbehörden sind befugt, ohne Antrag ein Schiff der Kontrolle wegen zu vermessen. Bezüglich der Verpflichtungen der Reeder und des Führers kommen auch hier die Vorschriften des § 32 zur Anwendung.

Für eine derartige Nachvermessung werden Gebühren nur dann erhoben, wenn sich ergibt, daß die Anzeige räumlicher Veränderungen im Bau des Schiffes, oder der veränderten Benutzung eines der nach § 14 abzugsfähigen Räume (§§ 33, 34) unterblieben ist.

§ 35 a.

Erweisen sich in den Fällen der §§ 33, 34 und 35 die Angaben des Meßbriefs als nicht mehr zutreffend, so ist der Meßbrief der Schiffsvermessungsbehörde auszuhändigen.

Entzieht sich der Reeder oder Schiffsführer dieser Verpflichtung, so ist der Meßbrief auf Antrag der Schiffsvermessungsbehörde einzuziehen.

VIII. Gebühren für die Vermessung.

§ 36.

Die Gebühren für die Vermessung und für die Aus=
fertigung des Meßbriefes, einschließlich der Stempelkosten,
betragen:

1. wenn die Vermessung nach dem vollständigen Ver=
   fahren ausgeführt wurde,

   > 5 Pfennig für jedes angefangene Kubikmeter
   > des Brutto=Raumgehalts des Schiffes, jedoch
   > mindestens 2 Mark;

2. wenn die Vermessung nach dem abgekürzten Ver=
   fahren oder für offene Fahrzeuge ausgeführt wurde,

   > die Hälfte der unter Nr. 1 bestimmten Ge=
   > bühren;

3. wenn die Vermessung sich nur auf einzelne Räume
   erstreckt hat,

   > 5 Pfennig für jedes angefangene Kubikmeter
   > der vermessenen Räume, jedoch mindestens
   > 2 Mark;

4. wenn die Erbauer, die Reeder oder der Führer des
   Schiffes den ihnen nach den §§ 30 bis 34 ob=
   liegenden Verpflichtungen nicht oder, bezüglich der
   Anzeigepflicht, nicht rechtzeitig nachgekommen sind,

   > das Doppelte der unter Nr. 1 bestimmten Ge=
   > bühren.

Werden Versäumnisse der Anzeige von Ver=
änderungen gemäß §§ 33 und 34 bei einer vom
Reeder beantragten Nachvermessung festge=
stellt, so sind die Veränderungen als verspätet an=
gezeigt zu behandeln;

5. wenn der im § 35 Abs. 2 erwähnte Fall vorliegt, also kein Antrag auf Nachvermessung gestellt war,

  das Zehnfache der unter Nr. 1 bestimmten Gebühren.*)

IX. Schlußbestimmungen.

§ 37.

Die zur Ausführung dieser Vermessungsordnung erforderlichen Bestimmungen erläßt der Reichskanzler nach Anhörung der Bundesratsausschüsse für das Seewesen und für Handel und Verkehr.

§ 38.

Die Vorschriften dieser Schiffsvermessungsordnung treten, soweit sie Abänderungen der Schiffsvermessungsordnung vom 20. Juni 1888 (Reichs-Gesetzbl. S. 190) enthalten, am 1. Juli 1895 in Kraft. Die Vermessung nach der abgeänderten Ordnung kann indessen schon vom 1. April 1895 ab beantragt und ausgeführt werden.

§ 39.

Die vor dem 1. Januar 1889 ausgestellten Meßbriefe verlieren vom 1. Januar 1900 ab die Gültigkeit.

Die in der Zeit vom 1. Januar 1889 bis zum 1. Juli 1895 ausgestellten Meßbriefe behalten bis auf weiteres

---

*) Anmerkung. Für wiederholte Ausfertigung von Meßbriefen nach Formular A ohne vorgängige Vermessung betragen die Gebühren für Fahrzeuge bis zu 200 cbm Brutto-Raumgehalt 4,00 Mark, für größere Fahrzeuge 5,00 Mark; nach Formular B und C 1,00 Mark; laut Bekanntmachung vom 19. Juli 1890 und 21. September 1900, Zentralbl. für das Deutsche Reich S. 281 bezw. 523.

Gültigkeit. Vom 1. Juli 1895 ab bis zum 1. Januar 1900 sind die gemäß § 17 Abs. 1 der Schiffsvermessungsordnung vom 20. Juni 1888 behufs Gebrauches in fremden Häfen unter Abzug der Maschinen= und Kohlenräume nach britischem Verfahren ausgestellten Meßbriefe auch in deutschen Häfen als gültig anzuerkennen.

Anmerkungen.

1. Die Vorschriften des Gesetzes, betreffend das Flaggenrecht der Kauffahrteischiffe vom 22. Juni 1899 und vom 29. Mai 1901 finden Anwendung:

1. auf die zum Erwerbe durch die Seefahrt bestimmten Schiffe (Kauffahrteischiffe) mit Einschluß der Lotsen=, Hochseefischerei=, Bergungs= und Schleppfahrzeuge (§ 1 des Gesetzes vom 22. Juni 1899);

2. auf seegehende Lustjachten, auf ausschließlich zur Ausbildung von Seeleuten bestimmte Seefahrzeuge (Schulschiffe) sowie auf solche Seefahrzeuge, welche für Rechnung von auswärtigen Staaten oder deren Angehörigen im Inland erbaut sind. Machen solche Fahrzeuge von dem Rechte zur Führung der Reichsflagge Gebrauch, so unterliegen sie den für Kauffahrteischiffe geltenden Vorschriften.

Durch Kaiserliche Verordnung mit Zustimmung des Bundesrats kann die Geltung der Vorschriften des Gesetzes vom 22. Juni 1899 auch auf andere, nicht zum Erwerbe durch die Seefahrt bestimmte Seefahrzeuge erstreckt und bestimmt werden, daß diese Vorschriften auch auf Binnenschiffe, die ausschließlich auf ausländischen Gewässern verkehren, Anwendung finden.
(§§ 26 und 26 a des Gesetzes vom 29. Mai 1901.)

2. Als „Seefahrt" im Sinne des § 1 des Gesetzes vom 22. Juni 1899 ist in den nachstehend aufgeführten Revieren die Fahrt anzusehen:

1. bei Memel
    außerhalb der Mündung des Kurischen Haffs,
2. bei Pillau
    außerhalb des Pillauer Tiefs,
3. bei Neufahrwasser
    außerhalb der Mündung der Weichsel,

4. in der Putziger Wiek
     außerhalb Rewa und Heisternest,

5. bei Dievenow, Swinemünde und Peenemünde
     außerhalb der Mündung der Dievenow und Swine, sowie
     außerhalb der nördlichen Spitze der Insel Usedom und
     der Insel Ruden,

6. bei Rügen
   östlich:
     außerhalb der Insel Ruden und dem Thiessower Höft,
   westlich:
     außerhalb Wittower Posthaus und der nördlichen Spitze
     von Hiddens-Oe, sowie außerhalb des Bock bei Barhöft,

7. bei Wismar
     außerhalb Jackelsbergs-Riff, Hannibal-Grund, Schweins-
     kötel und Lieps, sowie außerhalb Tarnewitz,

8. auf der Kieler Föhrde
     außerhalb Stein bei Labö und Bülk,

9. auf der Eckern Föhrde
     außerhalb Nienhof und Bocknis,

10. bei Flensburg, Sonderburg und Apenrade
     außerhalb Birknakke und Kekenis-Leuchtturm, sowie außer-
     halb Tundtoft-Nakke und Knudshoved,

11. bei Hadersleben
     außerhalb Raabhoved, Insel Aarö, Insel Linderum und
     Orbyhage,

12. bei Husum
     außerhalb Nordstrand,

13. auf der Eider
     außerhalb Vollerwiek und Hundeknoll,

14. auf der Elbe
     außerhalb der westlichen Spitze des hohen Ufers (Diek-
     sand) und der Kugelbake bei Döse,

15. auf der Weser
     außerhalb Cappel und Langwarden,

16. auf der Jade
     außerhalb Langwarden und Schilligshörn,

17. auf der Ems
     außerhalb der westlichen Spitze der Westermarsch (Utlands-
     hörn) und Ostpolder Siel.

Für die Schutzgebiete bleibt die Bestimmung der Grenzen der Seefahrt dem Reichskanzler oder den von ihm hierzu ermächtigten Beamten überlassen.

Bekanntmachung betreffend Ausführungsbestimmungen zum § 25 des Flaggengesetzes vom 22. Juni 1899, vom 10. November 1899.

3. Bekanntmachung, betreffend die Logis=, Wasch= und Baderäume sowie die Aborte für die Schiffsmannschaft auf Kauffahrteischiffen vom 2. Juli 1905.

Auf Grund der Bestimmungen im § 56 Abs. 2 der Seemannsordnung vom 2. Juni 1902 (Reichs=Gesetzbl. S. 175) hat der Bundesrat die nachstehenden Vorschriften über Größe und Einrichtung der Logisräume sowie über Einrichtung der Wasch= und Baderäume und der Aborte für die Schiffsmannschaft erlassen:

Größe und Einrichtung der Logisräume für die Schiffsmannschaft.

§ 1.

Für Kauffahrteischiffe von mehr als 400 Kubikmeter Brutto-Raumgehalt, mit Ausnahme der Hochseefischereifahrzeuge, gelten folgende Vorschriften:

1. Die Größe der Logisräume muß so bemessen sein, daß auf jeden darin untergebrachten Schiffsmann mindestens 3,5 Kubikmeter Luftraum entfallen; bei Räumen, die auf dem obersten Deck liegen, oder für die sonst eine ausgiebige Lüftung unter allen Umständen sichergestellt ist, genügt ein Luftraum von mindestens 3 Kubikmeter auf jeden Schiffsmann. Unter Luftraum ist der Rauminhalt nach Abzug der im Logisraum enthaltenen konstruktiven Schiffsteile zu verstehen.

   An Fußbodenfläche müssen in jedem Logisraum auf jeden darin untergebrachten Schiffsmann mindestens 1,5 Quadratmeter entfallen; diese Fläche darf bis auf 1,25 Quadratmeter herabgehen, sofern für die Inwohner des Logisraums ein besonderer Speiseraum eingerichtet ist. Zur Berechnung der Fläche ist nur bis an die Innenkante der Spanten zu messen. Bei Logisräumen mit schrägen, nach oben ausfallenden Wänden darf an Stelle der Fußbodenfläche der wagerechte Querschnitt des Logis in halber Höhe der Berechnung zugrunde gelegt werden.

2. Die mittlere lichte Höhe der Logisräume muß mindestens 2 Meter, bei Schiffen von nicht mehr als 2000 Kubikmeter Brutto-Raumgehalt mindestens 1,80 Meter betragen.

3. Die Logisräume müssen gegen Nässe, üble Gerüche, Wärme benachbarter Räume und sonstige belästigende Einflüsse tunlichst geschützt sein.

4. Zugänge zu Laderäumen dürfen nicht durch Logisräume führen. Vorratsräume mit Ausnahme von Kabelgatts dürfen während der Nachtzeit nur in Notfällen durch Logisräume hindurch betreten werden.

5. Jeder Logisraum muß dem Tageslicht in ausreichendem Maße zugänglich sein. Bei dunklem Wetter und zur Nachtzeit muß er ausreichend künstlich beleuchtet werden.

6. Der mittlere Teil des Logisraums soll tunlichst frei von Schachten, Tunneln, durchgehenden Luftziehern und anderen Leitungen sein.

7. Die Fußböden der Logisräume müssen ein hölzernes Deck haben oder mit einem dichten, leicht rein zu haltenden, schlecht wärmeleitenden Belage versehen sein. Die Wände und Decken der Logisräume müssen mit einem hellen Ölfarbenanstriche versehen sein; freiliegende eiserne Decken müssen mit einem das Tropfen verhindernden Schutzbelage bekleidet sein.

8. Jedem Schiffsmann ist eine eigene Koje zum alleinigen Gebrauche zu gewähren. Doppelkojen ohne Scheidewand sind unzulässig. Die Länge einer Koje darf nicht unter 1,83 Meter, die Breite nicht unter 0,6 Meter im Lichten betragen.

Der Abstand zwischen dem Fußboden und der unteren Koje muß mindestens 25 Zentimeter betragen; er darf bis auf 15 Zentimeter herabgehen, wenn drei Kojen übereinander liegen, die aus Eisen gefertigt und leicht entfernbar sind. Der Abstand zwischen je zwei übereinander befindlichen Kojen sowie derjenige zwischen dem Boden der oberen Koje und der Decke des Logisraums muß mindestens 75 Zentimeter betragen. Mehr als drei Kojen übereinander sind unzulässig.

Das Kojenzeug ist tunlichst häufig gründlich zu lüften und zu reinigen und, sofern erforderlich, zu desinfizieren.

9. Abgesehen von der natürlichen Lüftung durch Fenster und Türen sind in jedem Logisraum Einrichtungen vorzusehen,

durch die auch bei geschlossenen Fenstern eine genügende Er-
neuerung und Bewegung der Luft ermöglicht wird. Sind
Luftzieher vorhanden, so muß ihr unteres Ende so angebracht sein, daß der kalte Luftstrom nicht unmittelbar auf
Schlafkojen trifft.

10. Bei kaltem Wetter ist für genügende Erwärmung der Logisräume zu sorgen. Eiserne Öfen sind mit einem mindestens
5 Zentimeter weiter abstehenden, abnehmbaren eisernen
Mantel, der am Boden einige große Öffnungen hat, zu
umgeben. Die Öfen dürfen nicht mit Verstellklappen am
Schornstein und die Ofenröhren nicht mit Verschlüssen
(Schossen) versehen sein.

11. Die Ausstattung der Logisräume mit Tischen, Bänken,
Schränken und dergleichen soll billigen Anforderungen entsprechen. In jedem Logisraume müssen, sofern nicht ein
besonderer Eßraum oder eine sonstige Gelegenheit zur Ein-
nahme von Mahlzeiten an einem vom Schlafraume ge-
trennten Platze vorhanden ist, Tische und Sitzgelegenheiten
für mindestens die Hälfte der Belegschaft zur Verfügung
stehen. Auch ist in jedem Logisraume mindestens ein Spuck-
topf aufzustellen, der täglich zu reinigen ist.

12. Über der Tür zu jedem Logisraume muß die zulässige
Belegschaftszahl deutlich angegeben sein.

13. Die Logisräume sind in reinlichem Zustande zu erhalten.

§ 2.

Auf Kauffahrteischiffen von nicht mehr als 400 Kubikmeter
Brutto-Raumgehalt sowie auf allen Hochseefischereifahrzeugen
soll für die Unterkunft der Schiffsmannschaft entsprechend der
Bestimmung im § 55 Abs. 1 der Seemannsordnung* möglichst gut
gesorgt werden.

Einrichtung von Wasch- und Baderäumen für die Schiffsmannschaft.

§ 3.

Auf jedem Kauffahrteischiff ist der Schiffsmannschaft Gelegenheit zur körperlichen Reinigung und zum Zeugwaschen zu
gewähren.

---

*) Siehe Schluß von Nr. 3.

§ 4.

Auf allen Dampfern, auf denen die Zahl der Schiffsmannschaft mehr als zwanzig beträgt, muß mindestens ein heller, sauberer Waschraum vorhanden und mit Wascheinrichtungen mindestens derart versehen sein, daß eine solche auf jeden zweiten Mann einer Wachmannschaft entfällt, soweit nicht für einzelne Schiffsleute besondere Wascheinrichtungen vorhanden sind. Der Waschraum muß heizbar sein; jedoch kann auf den nicht mit Dampfheizung versehenen Frachtdampfern von der Durchführung dieser Vorschrift Abstand genommen werden. Die Waschgelegenheit kann mit den Aborten in demselben Raume liegen, sofern dem Schicklichkeitsgefühle durch die Art der Anordnung und durch die Verwahrung der Aborte Rechnung getragen ist.

§ 5.

Für die Maschinenmannschaft muß, sofern sie mehr als zehn Personen zählt, ein besonderer Waschraum vorhanden sein, welcher tunlichst so gelegen sein soll, daß ihn die Leute auf dem Wege von den Heiz- und Kohlenräumen erreichen können, ehe sie ihr Logis betreten. Dieser Waschraum muß so groß sein, daß sich mindestens der sechste Teil der Maschinenmannschaft zu gleicher Zeit darin reinigen kann; er muß mit Wasserleitung und mit Brausen (je einer auf etwa vier der sich gleichzeitig reinigenden Leute) und mit einer ausreichenden Anzahl von Waschgefäßen versehen sein. Ferner muß sich in diesem Waschraum eine Einrichtung zur Entnahme von warmem Wasser befinden.

§ 6.

Auf allen Dampfern, auf welchen für die Reisenden Warmwasserbrausen vorhanden sind, sind solche Anlagen auch für die Schiffsmannschaft vorzusehen; dabei sind Vorkehrungen zu treffen, um eine Verbrühung der Badenden tunlichst zu verhüten.

§ 7.

Auf Dampfern in mittlerer oder großer Fahrt ist der Schiffsmannschaft mindestens zweimal in der Woche Süßwasser für die körperliche Reinigung zur Verfügung zu stellen. Hochseefischereifahrzeuge sind für Reisen in nordeuropäischen Gewässern von dieser Vorschrift ausgenommen.

§ 8.

Die Wasch- und Baderäume sind täglich zu reinigen.

Einrichtung der Aborte für die Schiffsmannschaft.

§ 9.

Auf den Kauffahrteischiffen, mit Ausnahme der Segel=
schiffe von nicht mehr als 400 Kubikmeter Brutto=Raumgehalt,
müssen Aborte in abgeschlossenen Räumen und Pissoire für die
Schiffsmannschaft vorhanden sein; die Pissoire dürfen in den
Aborträumen liegen. Bei Seeleichtern genügt ein fester sicherer
Abort für die Schiffsmannschaft.

Für die Aufwärter ist, sofern ihre Zahl zehn übersteigt, ein
besonderer Abortraum vorzusehen.

§ 10.

Die Aborträume müssen in solcher Höhe gelegen sein, daß
die Abortsitze sich über Wasser befinden. Von etwa benach=
barten Logisräumen müssen die Aborträume durch einen oder
mehrere Räume, mindestens aber durch geruchdichte Schotten
ohne Türen getrennt sein.

Die Aborträume müssen mit einer sicher wirkenden Abluft=
vorrichtung versehen und dem Tageslicht ausreichend zugänglich
sein. Decken und Wände müssen mit einem hellen Ölfarben=
anstriche versehen sein. Der Fußboden muß so eingerichtet sein,
daß er für Luft und Wasser undurchlässig ist.

§ 11.

Die Aborte müssen mit mindestens 50 Zentimeter breiten
Sitzen in solcher Zahl versehen sein, daß bei einer Schiffsmann=
schaft von nicht mehr als einhundert Köpfen auf je fünfund=
zwanzig Schiffsleute mindestens ein Sitz, bei einer Schiffsmann=
schaft von mehr als einhundert bis zu zweihundert Köpfen auf
je weitere dreiunddreißig Schiffsleute mindestens ein Sitz mehr
und bei einer Schiffsmannschaft von mehr als zweihundert Köpfen
für je weitere fünfzig Schiffsleute mindestens ein Sitz mehr
entfällt.

Von der Einrichtung von Sitzen kann bei den der nicht=
europäischen Schiffsmannschaft zum Gebrauche dienenden Ab=
orten abgesehen werden, sofern diese Schiffsleute an die Be=
nutzung solcher Sitze nicht gewöhnt sind.

§ 12.

Auf Segelschiffen von nicht mehr als 400 Kubikmeter Brutto=
Raumgehalt muß eine sichere Abortsitzgelegenheit, die beweglich
sein darf, vorhanden sein.

§ 13.

Die Aborte und Pissoire sind täglich zu reinigen.

Allgemeine Vorschriften.

§ 14.

Die im § 1 Nrn. 1, 2, 4, 5 Satz 1 enthaltenen Vorschriften sowie die auf die Größe der Kojen und auf die Maße ihrer Abstände bezüglichen Bestimmungen im § 1 Nr. 8, ferner die in §§ 4 bis 6, § 9 Abs. 2, § 10 Abs. 1, § 11 Abs. 1 enthaltenen Vorschriften gelten nur für Schiffe, deren Bau nach dem 1. Oktober 1905 in Auftrag gegeben wird.

§ 15.

Für die vorschriftsmäßige Herstellung der in diesen Bestimmungen vorgesehenen Räume und Einrichtungen hat der Reeder, für ihre vorschriftsmäßige Behandlung und Benutzung der Kapitän zu sorgen.

§ 16.

Die Anlage, Einrichtung und Instandhaltung der Logisräume sowie der Wasch- und Baderäume und der Aborte für die Schiffsmannschaft unterliegen in deutschen Häfen einer regelmäßigen Beaufsichtigung durch die nach Bestimmung der Landesregierung dafür zuständige Behörde.

§ 17.

Der Reichskanzler ist ermächtigt, im Einverständnisse mit der Landesregierung Ausnahmen von den vorstehenden Vorschriften zuzulassen.

§ 18.

Diese Vorschriften treten am 1. Januar 1906 in Kraft.

§ 55 Abs. 1 der Seemansordnung vom 2. Juni 1902 lautet: Die Schiffsmannschaft hat an Bord des Schiffes vom Zeitpunkte des Dienstantritts an bis zur Abmusterung, jedoch wenn diese ohne Verzögerung der Reise unausführbar ist, bis zur Beendigung des Dienstverhältnisses Anspruch auf einen, ihrer Zahl und der Größe des Schiffes entsprechenden, nur für sie und ihre Sachen bestimmten wohlverwahrten und genügend zu lüftenden Logisraum.

4. Schiffe von nicht mehr als 50 Kubikmeter Brutto-Raum-gehalt sind auch ohne Eintragung in das Schiffsregister und Erteilung des Schiffszertifikats befugt, das Recht zur Führung der Reichsflagge auszuüben.

(§ 16 des Gesetzes, betreffend das Flaggenrecht der Kauffahrteischiffe vom 22. Juni 1899.)

5. Für die zur Führung der Reichsflagge befugten Kauf-fahrteischiffe sind in den an der See oder an Seeschiffahrtsstraßen belegenen Gebieten Schiffsregister zu führen. Die Schiffsregister werden von den Amtsgerichten geführt. Durch Anordnung der Landesjustizverwaltung kann die Führung des Registers für mehrere Amtsgerichtsbezirke einem Amtsgericht übertragen werden.

(§ 4 des Gesetzes, betreffend das Flaggenrecht der Kauffahrteischiffe vom 22. Juni 1899.)

Instruktion zur Schiffsvermessung.

Vom 26. März 1895.

—

I. Die Meßinstrumente.

Artikel 1.

Bei der Schiffsvermessung sind anzuwenden:

1. Zwei Drei=Meterstöcke, mit festem Messingschuh an jedem Ende.

   Dazu: drei Stahlgeräte, welche auf die Enden der Stöcke aufgeschraubt werden können, und zwar

   a) ein Stahlgerät zur Befestigung des Ringes einer Lotleine oder des Meßbandringes,

   b) ein Stahlgerät zum Einlegen einer Lotleine oder des Meßbandes,

   c) ein Stahlgerät mit zwei kurzen Spitzen, zur Aufstellung der Meterstöcke für die Messung der Breiten.

2. Zwei Zwei=Meterstöcke, wie die unter Nr. 1 bezeichneten Stöcke eingerichtet; davon einer mit abgeschrägtem Messingschuh an einem Ende.

3. Ein Zwei=Meterstock, an jedem Ende mit festem Messingschuh und an einem Ende mit einem fest=

stellbaren dünneren Stocke zum Aus= und Ein=
schieben versehen. Der Apparat hat, wenn der
Schiebestock ganz ausgeschoben ist, eine Länge
von 3,8 Meter.

4. Ein Ein=Meterstock, wie der unter Nr. 3 be=
zeichnete Stock zum Aus= und Einschieben (bis zu
1,9 Meter Länge) eingerichtet.

5. Ein Ein=Meterstock, zum einmaligen Zusammen=
schlagen eingerichtet und in der Mitte, sowie an
den Enden, mit Messingbeschlag versehen.

6. Ein Meßband, 15 bis 20 Millimeter breit und
20 Meter lang, zum Aufrollen um einen Zylinder
eingerichtet und an einem Ende mit einem kleinen
Messingring derart versehen, daß der Anfangs=
punkt der Längenmaß=Teilung an der Außenkante
des Ringes liegt. Reicht bei großen Schiffen
die Länge von 20 Meter nicht aus, so ist ein
Meßband von 25 oder ein solches von 30 Meter
zu verwenden. Bei kleineren Schiffen darf ein
Meßband von 15 Meter Länge verwendet werden.

7. Eine Meßkette von verzinntem Eisen, 30 Meter
lang, in je 10 Meter Entfernung mit einem
Wirbel und an jedem Ende mit einer 3 Meter
langen dünnen Leine versehen.

8. Ein Winkelmaß von Stahl, zum Absetzen rechter
Winkel. Auf jedem Schenkel des Winkelmaßes
ist an dessen äußerer Kante eine Längenmaß=
Teilung von 20 Zentimeter Länge derart an=
gebracht, daß die Anfangspunkte beider Tei=
lungen in der äußeren Spitze des rechten Winkels
des Winkelmaßes zusammenfallen.

9. Eine Leine von 15 bis 20 Millimeter Umfang und 50 Meter Länge, mit Vorrichtung zum Aufrollen versehen.

10. Zwei Leinen von je 8 bis 10 Millimeter Umfang und 25 Meter Länge, jede mit einem Lote und einer Vorrichtung zum Aufrollen versehen. An jeder Leine ist in ungefähr 0,2 Meter Entfernung von dem Lote ein kleiner Messingring befestigt.

11. Eine Vorrichtung, vermittels welcher nötigenfalls zwei der unter Nr. 1 bis 4 bezeichneten Stöcke miteinander verbunden werden können.

12. Eine Messingrolle nebst einem eisernen Gewichtsstück von 2,5 Kilogramm mit Haken zur Prüfung des unter Nr. 6 bezeichneten Meßbandes.

13. Ein stählernes Metermaß mit Anschlag zur Prüfung der Längenmaße.

Artikel 2.

Die im Artikel 1 unter Nr. 1 bis 8 und 13 bezeichneten Meßinstrumente sind von der Kaiserlichen Normal-Eichungs-Kommission zu prüfen und mit Angabe der Jahreszahl der Prüfung zu stempeln.

Artikel 3.

Jede Vermessungsbehörde (§ 21 der Schiffsvermessungsordnung), sowie jede mit der Ausfertigung von Meßbriefen betraute Behörde (§ 24 Abs. 4 der Schiffsvermessungsordnung) muß mit mindestens einem Satze der im Artikel 1 vorgeschriebenen Meßinstrumente versehen sein.

Die von den zuletzt bezeichneten Behörden aſſervierten Meßinſtrumente gelten als Probemaße.

Artikel 4.

Die im § 24 Abſ. 4 der Schiffsvermeſſungsordnung bezeichneten Behörden haben die ihnen nach Abſ. 5 desselben Paragraphen obliegende Prüfung und Berichtigung der von den Vermeſſungsbehörden angewendeten Meßinstrumente nach den Probemaßen mindestens einmal jährlich vorzunehmen.

Bei den im Artikel 1 unter Nr. 1 bis 7 aufgeführten Meßinſtrumenten dürfen im Gebrauche keine größeren Abweichungen von der Richtigkeit geduldet werden, als die folgenden:

bei Nr. 1 größte zuläſſige Abweichung
der Gesamtlänge . . . . 3 Millimeter
bei Nr. 2 größte zuläſſige Abweichung
der Gesamtlänge 2   „
bei Nr. 3 größte zuläſſige Abweichung
der Gesamtlänge des nicht ausgezogenen Stockes 2   „
    des ausziehbaren Stückes . . . 2   „
bei Nr. 4 größte zuläſſige Abweichung
der Gesamtlänge des nicht ausgezogenen Stockes 1,5   „
    des ausziehbaren Stückes . . . 1,5   „
bei Nr. 5 größte zuläſſige Abweichung
der Gesamtlänge 1,5   „
bei Nr. 6 größte zuläſſige Abweichung
bei jedem Meter der Teilung . . . 5   „
bei Nr. 7 größte zuläſſige Abweichung
der Gesamtlänge . . . . 10 Zentimeter

Zeigen obige Meßinstrumente größere, als die hiernach zulässigen Abweichungen von der Richtigkeit, so müssen dieselben sofort außer Gebrauch gesetzt, und dürfen erst dann wieder zur Vermessung benutzt werden, wenn sie einer erneuten Stempelung unterzogen worden sind (Artikel 2).

Artikel 5.

Die Vermessungsbehörden haben in geeigneten Zeitpunkten, mindestens einmal vierteljährlich, die Meterstöcke (Artikel 1 Nr. 1 bis 5) mittels des stählernen Metermaßes mit Anschlag (Artikel 1 Nr. 13), sowie das Meßband und die Meßkette (Artikel 1 Nr. 6 und 7) mittels der Meterstöcke zu prüfen.

Die Prüfung der Meterstöcke mittels des stählernen Metermaßes erfolgt derart, daß man bei den Drei-Meterstöcken erst das eine, sodann das andere Ende derselben gegen den Anschlag des Metermaßes legt, den Abstand der nächsten Meterstriche von dem Ende des Metermaßes in Millimetern auf demselben abliest und hierauf die Länge des mittleren Meterintervalls ebenfalls mit der Länge des Metermaßes vergleicht, indem man das erstere an diejenige Seite des mit durchgehenden Teilstrichen versehenen stählernen Metermaßes legt, an welcher kein Anschlag vorhanden ist. Die Summe der Fehler der drei Meterintervalle gibt den Gesamtfehler des Meterstockes. Die Prüfung der Zwei- und Ein-Meterstöcke erfolgt unter sinngemäßer Anwendung vorstehender Bestimmungen.

Die Prüfung des Meßbandes erfolgt derart, daß man das eine Ende desselben mit einer Schraubzwinge an einem festen Gegenstande festklemmt, sodann nach Abwicklung von nahezu seiner ganzen Länge das Ringende des Meßbandes über die ebenfalls mit Schraubzwinge an einem feſten Gegenſtande befeſtigte Meſſingrolle (Artikel 1 Nr. 12) führt und das Meßband durch Anhängung des Gewichtsſtückes (Artikel 1 Nr. 12) mit Haken an dem Meßbandringe ausſpannt. Alsdann beſtimmt man mit Hilfe des ſtählernen Metermaßes (Artikel 1 Nr. 13), ob die feſtgeſetzte Fehlergrenze (Artikel 4, Abſ. 2) bei jedem Meter des ausgeſpannten Meßbandes eingehalten iſt.

Die Prüfung der Meßkette erfolgt, indem man dieſelbe auf einer ebenen Fläche in geradliniger Erſtreckung hin= legt und durch Aneinanderlegung der nach Abſ. 2 dieſes Artikels geprüften Meterſtöcke ausmißt.

Auf die bei dieſen Prüfungen unrichtig befundenen Meßinſtrumente kommen die Beſtimmungen im Artikel 4 Abſ. 3 gleichfalls in Anwendung.

II. Allgemeine Beſtimmungen.

Artikel 6.

Die aufzunehmenden Maße ſind auf Zentimeter ab= zurunden in der Weiſe, daß Bruchteile des Zentimeter, ſofern ſie ½ oder mehr betragen, als ein ganzes Zenti= meter gerechnet werden, kleinere Bruchteile aber unberück= ſichtigt bleiben.

Artikel 7.

Die Maße ſind nach ihrer Aufnahme derart in ein Ver= meſſungsprotokoll (Artikel 26) einzutragen, daß die zu den ganzen Metern hinzukommenden Zentimeter als Dezimal= ſtellen hinter die Meterzahl geſetzt werden (z. B. 10,75 Meter, 0,60 Meter).

Artikel 8.

Trifft eine aufzunehmende Länge, Breite, Höhe oder Tiefe an der in der Vermeſſungsordnung vorgeſchriebenen

Stelle auf vorspringende Plankengänge, Kniehölzer oder sonstige vorspringende Teile, so wird dasjenige Maß genommen, welches sich ergeben würde, wenn auf der fraglichen Stelle der erwähnte Vorsprung vor der übrigen Binnenbords-Bekleidung oder Deckfläche nicht vorhanden, die Bekleidung oder das Deck vielmehr von solcher mittleren Dicke wäre, wie sich dieselbe aus der Dicke der zwischen den Vermessungspunkten liegenden Teile der Bekleidung oder des Decks ergibt.

Artikel 9.

Als Binnenbords-Bekleidung ist nur eine solche Bekleidung anzusehen, welche an den Spanten oder auf dem Doppelboden des Schiffes fest oder dauernd angebracht ist, nicht aber eine solche Bekleidung, welche lediglich zum Schutz einzelner Konstruktionsteile des Schiffes oder zum Schutz der Ladung vorübergehend bestimmt ist. Eine dauernd angebrachte Auslattung ist nur in dem Falle als Binnenbords-Bekleidung anzusehen, wenn die Entfernung der einzelnen Latten voneinander nicht mehr als 0,3 Meter beträgt.

Es muß daher vor Aufnahme der Maße in jedem einzelnen Falle untersucht werden, inwieweit die Binnenbords-Bekleidung der vorstehenden Bestimmung entspricht (vergleiche Figur 9 auf Tafel IV).

Findet sich bei dieser Untersuchung eine solche Binnenbords-Bekleidung nicht vor, so werden die Maße bis zur inneren Fläche der Spanten oder deren Fluchtlinie beziehungsweise bis zur oberen Fläche des Doppelbodens aufgenommen; sind keine Spanten vorhanden, so werden die Maße bis zur inneren Fläche der Außenbords-Bekleidung oder deren Fluchtlinie ausgedehnt.

Artikel 10.

Als **mittlere Länge, mittlere Breite, mittlere Höhe** oder **mittlere Tiefe** eines durch gerade Flächen begrenzten Raumes wird das arithmetische Mittel von mindestens drei, in gleichen Abständen voneinander aufgenommenen Längen, Breiten, Höhen oder Tiefen des Raumes betrachtet.

Artikel 11.

Als Decks im Sinne des § 4 der Schiffsvermessungsordnung sind nur solche Decks anzusehen, welche von hinten bis vorn ohne Unterbrechung durchgehen und deren Balken mit dem übrigen Schiffskörper fest verbunden und dauernd eingedeckt sind. Öffnungen oder Umschottungen für Maschinen= und Kesselräume sowie Luken sind als Unterbrechungen des Decks nicht anzusehen.

Versenkungen kommen, selbst wenn sie die ganze Breite des Schiffes einnehmen, nicht in Betracht, wenn die Summe ihrer Längen die Hälfte der Länge des betreffenden Decks nicht erreicht. Übersteigt die Summe der Längen der tieferliegenden Teile des Decks dagegen die Hälfte der Länge desselben, so werden diese Teile beziehungsweise deren Fluchtlinien als Deck betrachtet (vergleiche die Figur 1 und 2 auf Tafel I).

Artikel 12.

Ungedeckte Versenkungen, welche durch Absätze im Vermessungsdeck entstehen, werden für sich vermessen und ihr Raumgehalt von dem ermittelten körperlichen Inhalt des Raumes unter dem Vermessungsdeck in Abzug gebracht (vergleiche die Figur 21 auf Tafel IX).

Artikel 13.

Befinden sich auf einem Schiff Aufbauten der im § 13 B b der Schiffsvermessungsordnung vorgesehenen Art, so hat auf Ansuchen des Eigentümers oder Erbauers des Schiffes die Vermessungsbehörde bei dem Schiffsvermessungsamt einen Antrag auf Ausschluß der Aufbauten von der Einvermessung in den Brutto-Raumgehalt zu stellen, in welchem, wenn erforderlich, an der Hand von Skizzen, die Befestigungsweise der Aufbauten usw., sowie alle für die Beurteilung der Sachlage wesentlichen Punkte erläutert werden.

Artikel 14.

Räume, welche Vorrichtungen zur Bedienung des Ruders, des Gangspills und zum Ankerlichten enthalten, werden, wenn sich dieselben in Aufbauten auf oder über dem Oberdeck befinden, in den Brutto-Raumgehalt nicht einvermessen (§ 13 B a der Schiffsvermessungsordnung) und daher auch von dem Brutto-Raumgehalt nicht abgezogen. Befinden sich dagegen derartige Räume unterhalb des Oberdecks, so sind deren Inhalte vom Brutto-Raumgehalt abzusetzen (vergl. § 14 A 3 a der Schiffsvermessungsordnung).

Räume, welche zur Aufbewahrung der Karten, Signalvorrichtungen und Navigationsinstrumente, sowie der Bootsmannsvorräte bestimmt sind, werden, weil dieselben unabhängig von ihrer Lage im Schiffe stets in den Brutto-Raumgehalt einzuvermessen sind, auch in jedem Falle von demselben in Abzug gebracht (vergl. § 14 A 3 b der Schiffsvermessungsordnung).

Falls Hilfsmaschine und -Kessel innerhalb des Maschinen- und Kesselraumes liegen und in Verbindung mit der Hauptmaschine stehen, welche zur Fortbewegung des Schiffes dient, wird der von ihnen eingenommene Raum als Teil des eigentlichen Maschinen= und Kesselraumes angesehen, diesem zugezählt und nicht gesondert vom Brutto=Raumgehalt abgezogen. Befindet sich der Hilfs= kessel in einem geschlossenen Raume in einem Aufbau auf oder über dem Oberdeck, so wird der Inhalt dieses Raumes, weil derselbe nach § 13 B a der Schiffsver= messungsordnung in den Brutto=Raumgehalt nicht einzu= vermessen ist, von dem letzteren auch nicht in Abzug ge= bracht. In allen übrigen Fällen aber, in welchen die Voraussetzungen des § 14 A 4 der Schiffsvermessungs= ordnung erfüllt sind, wird der einvermessene Hilfskessel= raum wieder zum Abzug gebracht.

Artikel 15.

Als offene Fahrzeuge im Sinne des § 20 der Schiffs= vermessungsordnung sind auch solche Fahrzeuge zu be= trachten, welche zwar teilweise eingedeckt sind, deren Lade= raum jedoch nicht durch Luken geschlossen werden kann.

Artikel 16.

Als Maschinenräume im Sinne der Schiffsver= messungsordnung sind nicht allein die zur Aufnahme der Maschinen selbst, sondern auch diejenigen Räume, welche zur Aufnahme der zur Erzeugung der Triebkraft dienen= den Apparate (Dampfkessel usw.) bestimmt sind, zu be= trachten.

Ist ein Maschinenraum nicht durch zwei Schotte ab= geschlossen, so ist für die Ausmessung der Länge des Raumes diejenige Stelle maßgebend, an welcher das fehlende Schott stehen müßte, um den Maschinenraum in wirksamer Weise abzugrenzen. Diese Stelle ist in jedem einzelnen Falle zu ermitteln und ihre Lage in der Flächeninhaltskurve (cfr. Artikel 28) ersichtlich zu machen.

Bei der Vermessung der Maschinenräume sowie der Berechnung der vom Brutto-Raumgehalt des Schiffes zu machenden Abzüge sind ferner folgende Grundsätze zu beachten:

1. Die Ermittelung des Brutto-Raumgehalts der Schiffe erfolgt ohne Rücksicht auf den Maschinenraum; die Vermessung des letzteren muß demnach selbständig und für sich vorgenommen werden.

2. Eine Vermessung des Maschinenraumes ist unter allen Umständen erforderlich, selbst dann, wenn der Abzug vom Brutto-Raumgehalt nach Prozenten des letzteren erfolgt, da von der Größe des Maschinenraumes die Art der Berechnung des Abzuges abhängig ist.

3. Bei Ausführung der Vermessung sind folgende Punkte besonders zu beachten:

Bei Ermittelung der Tiefe ist der obere Punkt entweder in der unteren Fläche des über der Maschine befindlichen Decks, oder, falls die Seitenwände des Maschinenraumes gekrümmt sind, in der horizontalen Ebene belegen, welche man sich durch den Punkt gelegt denkt, an welchem die Krümmung nach oben hin aufhört.

Als Länge des eigentlichen Maschinenraumes darf nur die Länge desjenigen Raumes angesehen und gemessen werden, welcher von der Maschine und den Dampfkesseln wirklich eingenommen wird, sowie, falls die Feuerungen der letzteren derartig angeordnet sind, daß dieselben in der Längsrichtung des Schiffes bedient werden müssen, desjenigen Raumes, welcher zur Handhabung der Schüreisen erforderlich ist. Als solcher darf ein Raum angesehen werden, welcher ungefähr 30 Zentimeter länger ist, als die Feuerungen selbst.

Sind die Feuerungen so angebracht, daß ihre Bedienung querschiffs erfolgt, so ist ein derartiger Zuschlag nicht erforderlich. Dagegen ist dann der zwischen den Kesseln befindliche, für die Bedienung der Feuerungen erforderliche Raum in einer Breite bis zu 3,5 Meter in den Raumgehalt des Maschinenraumes mit einzuvermessen.

4. Ist der Maschinenraum von unregelmäßiger Form, so wird derselbe in einzelne Teile geteilt und jeder dieser Teile für sich gemessen.

Nachdem der körperliche Inhalt des Maschinenraumes in der vorgeschriebenen Weise ermittelt ist, muß, behufs Feststellung des vom Brutto-Raumgehalt des Schiffes gestatteten Abzuges, der Raumgehalt aller im Maschinenraume etwa vorhandenen Wohn- und Vorratsräume ermittelt und von dem des Gesamtmaschinenraumes in Abzug gebracht werden.

III. Die Aufnahme der Maße.

a) Messung der Länge des Vermessungsdecks.

Artikel 17.

Die Messung der Entfernung zwischen den im § 6 Abs. 1 der Schiffsvermessungsordnung bestimmten Punkten wird in folgender Weise ausgeführt.

Die 50 Meter-Leine wird von hinten nach vorne so nahe wie möglich der Mittellinie des Schiffes und parallel der Sehne der Krümmung des Vermessungsdecks in solcher Höhe über dem Deck straff ausgespannt, daß dieselbe frei über alle Hindernisse hinweggeht, jedoch eine bequeme Messung noch zuläßt.

Die Punkte, zwischen denen die Länge zu messen ist, sind mit Hilfe des Lotes beziehungsweise des Winkel= maßes oder in sonst geeigneter Weise auf die Leine zu übertragen.

Ist die Leine ausgespannt, so erfolgt die Messung mit den im Artikel 1 Nr. 1 und 2 bezeichneten Meterstöcken, indem man von einem der Endpunkte der Länge ab die Stöcke abwechselnd an die Leine legt, und zwar derart, daß man den ersten Stock und die Leine mit beiden Händen umfaßt, während man den anderen Stock längs der Leine legt, so daß er das Ende des ersten Stockes berührt. Erst nachdem der zweite Stock an die Leine fest angedrückt ist, wird der erste Stock weggenommen und in dieser Weise bis zum anderen Endpunkt der Länge mit der Messung fortgefahren.

Wenn das Ausspannen der Leine wegen vorhandener Aufbauten oder sonstiger Hindernisse in der vorstehend be= schriebenen Weise nicht ausführbar ist, oder die Leine wegen großer Länge des Schiffes nicht ausreicht, so muß die Gesamtlänge geteilt und jeder dieser Teile für sich vermessen werden. In diesem Falle kann von der Ver= wendung der Leine ganz abgesehen und die Messung auf dem Deck selbst mit den Meßstäben beziehungsweise dem Meßbande vorgenommen werden.

Es ist darauf zu achten, daß die Anwendung des Lotes bei Übertragung von Punkten vom Deck auf die Leine oder umgekehrt nur dann statthaft ist, wenn das Schiff ganz oder nahezu auf ebenem Kiel liegt. Ist dies nicht der Fall, wie z. B. bei auf dem Stapel stehenden Schiffen, so muß die gedachte Übertragung mittels des Winkelmaßes oder in sonst den Umständen angemessener Weise erfolgen (vergleiche die Figur 4 auf Tafel II).

Bei Bestimmung der Lage des vorderen Endpunktes der Länge wird der von der Länge zu machende Abzug, bestehend in dem Falle des Vorderstevens in der Dicke des Decks, folgendermaßen ermittelt:

Der im Artikel 1 unter 5 erwähnte Meterstock wird mit dem einen Schenkel auf die Oberfläche des Decks gehalten und der andere Schenkel möglichst parallel zur Innenfläche des Vorderstevens gebracht. Der auf diese Weise erhaltene Winkel ABC wird in leichten Kreidestrichen auf die Decksfläche gezeichnet, alsdann oberhalb der Linie BC das Maß der Dicke des Decks abgesetzt und durch den erhaltenen Punkt parallel mit BC die Linie DE gezogen; wird hierauf der Scheitelpunkt B des Winkels rechtwinklig darauf übertragen, so ergibt die Linie DF den für den Fall des Vorderstevens in der Dicke des Decks zu machenden Abzug (vergleiche Figur 8 auf Tafel III).

In gleicher Weise wird bei Schiffen mit rundem Heck der bei Bestimmung des hinteren Endpunktes der Länge von dieser zu machende Abzug, bestehend in dem Falle des Heckstützens (wo ein solcher nicht vorhanden ist, der Mitte des Hecks) in der Dicke des Decks ermittelt. Bei Schiffen mit plattem Heck wird zu letzterem Maß noch der Fall des Heckstützens in einem Drittel der Deckbalkenbucht zugetragen (vergleiche die Figur 7 auf Tafel III).

Befinden sich an den Endpunkten der Länge Aufbauten auf dem Vermessungsdeck, so ist die Länge des letzteren entweder durch diese Aufbauten hindurch, oder, wo dies nicht bewerkstelligt werden kann, über dieselben hinweg zu ermitteln. In letzterem Falle sind Punkte zu bestimmen, welche rechtwinklig zur Kielebene über den Endpunkten der Länge liegen. Die Bestimmung dieser Punkte hat vermittels zweier Meßstöcke und des Winkelmaßes (Artikel 1 Nr. 1 und 8) unter Anwendung der senkrechten Höhe der Aufbauten und des Neigungswinkels des Hecks oder des Bugs in der in Figur 4 auf Tafel II und in Figur 20 auf Tafel IX dargestellten Weise zu erfolgen.

b) Bestimmung der Lage der Querschnitte unter dem Vermessungsdeck.

Artikel 18.

Nachdem die Länge des Vermessungsdecks in Gemäßheit der Bestimmungen des Artikels 17 gemessen ist, wird die halbe Länge vom hinteren Endpunkte nach vorn zu abgesetzt und so der Mittelpunkt der Länge festgestellt. Der Kontrolle wegen ist die halbe Länge auch vom vorderen Endpunkte der Länge nach hinten zu abzusetzen und für den Fall, daß diese Messung nicht zu dem zuerst ermittelten Mittelpunkte der Länge führt, die Messung der ganzen Länge (Artikel 17 Abs. 4 und 5) sowie diejenige der beiden halben Längen so oft zu wiederholen, bis der Mittelpunkt sich genau ergeben hat.

Der hiernach bestimmte Mittelpunkt der Länge wird sodann vom Deck aus rechtwinklig auf das Kielschwein beziehungsweise auf die Flurplatten übertragen, womit die Lage des mittelsten Querschnitts bestimmt ist. Für diese Übertragung können die Mallkanten der Spanten als Anhalt benutzt werden.

Trifft der Mittelpunkt der Länge nicht auf eine Öffnung im Deck, so daß dieser Punkt nicht direkt in den untersten Schiffsraum übertragen werden kann, so wird zunächst ein dem Mittelpunkte möglichst nahe gelegener anderer Punkt der Länge, welcher sich über einer Öffnung im Deck befindet, rechtwinklig auf das Kielschwein beziehungsweise auf die Flurplatten übertragen und von diesem Punkte aus die zwischen dem Mittelpunkte der Länge und dem gewählten anderen Punkte befindliche Entfernung in gerader Linie und entsprechender Richtung auf dem Kielschwein abgemessen, womit die Lage des mittelsten Querschnitts gleichfalls bestimmt ist.

Von dem übertragenen Punkte aus werden die gleich großen Teile, in welche die Länge nach § 6 Abs. 3 der Schiffsvermessungsordnung zu teilen ist, nach vorn und hinten zu in gerader Linie auf dem Kielschwein beziehungsweise den Flurplatten abgesetzt und so auch die Lage der übrigen Querschnitte bestimmt (vergleiche die Figur 23 auf Tafel X).

Die abgesetzten Querschnittspunkte sind gemäß der im § 8 Abs. 2 der Schiffsvermessungsordnung enthaltenen Bestimmung zu numerieren, wobei zu beachten ist, daß die durch die Endpunkte der Länge am Bug und am Heck gelegten Querschnitte nur bei ungewöhnlichen Schiffsformen, wie bei Baggern, Prähmen usw., Flächeninhalte ergeben werden.

Bei Unterbrechungen des Doppelbodens (§ 7 Abs. 3 der Schiffsvermessungsordnung) oder bei wechselnder Höhe desselben findet die Vermessung des Schiffes unterhalb des Vermessungsdecks in einzelnen Teilen, entsprechend der gleichbleibenden Höhe des Doppelbodens statt. Die Länge jedes dieser Schiffsteile wird in dieselbe Anzahl von Teilen geteilt und in derselben Weise gemessen, wie es für die Vermessungslänge im § 6 der Schiffsvermessungsordnung vorgeschrieben ist.

c) Messung der Tiefen der Querschnitte unter dem Vermessungsdeck.

Artikel 19.

Die Messung der Tiefe erfolgt mit den im Artikel 1 unter Nr. 1 bis 4 bezeichneten Meterstöcken, welche nötigenfalls zu dem Zwecke vermittels der Vorrichtung (Artikel 1 Nr. 11) miteinander verbunden werden.

Es wird zunächst die ganze Tiefe von der unteren Fläche des Vermessungsdecks bis zur oberen Fläche der Bodenwrange an der inneren Seite des Füllungsganges beziehungsweise bis zur oberen Fläche des inneren Doppelbodens rechtwinklig zur wagerechten und parallel zur vertikalen Kielebene gemessen.

Können die Füllungen nicht aufgenommen werden, so sind die Tiefenmaße bis zur oberen Fläche der Binnenbords-Bekleidung neben dem Kielschwein, oder, falls dies nicht die größte Tiefe der Querschnitte gibt, bis auf die Binnenbords-Bekleidung an derjenigen Stelle aufzunehmen, an welcher die größte Tiefe des Querschnitts vorhanden ist (vergleiche die Figur 9 bis 11 auf Tafel IV und V).

Finden sich Decks vor, durch welche hindurch die Tiefen ermittelt werden müssen, so werden die letzteren in mehreren Abschnitten in der Weise aufgenommen, daß von der unteren Fläche des Vermessungsdecks bis zur oberen Fläche des darunter liegenden Decks und von der unteren Fläche dieses Decks bis zu dem im Vorstehenden bezeichneten tiefsten Punkt gemessen wird. Die Summe beider Maße, vermehrt um die Dicke des zwischenliegenden Decks, ist in diesem Falle die gesuchte Tiefe. In entsprechender Weise wird verfahren, wenn sich unter diesem zweiten Deck noch mehrere Halbdecks, Plattformen usw. befinden (vergleiche die Figur 12 auf Tafel VI).

Befindet sich auf einer erhöhten Plattform im unteren Teil des Schiffsraumes noch eine Wegerung, so kann die Dicke derselben von der gemessenen Tiefe abgesetzt werden.

Fällt eine Tiefe in eine Öffnung im Deck, so wird dieselbe an der Vorder= oder Hinterseite der Öffnung da, wo man dem richtigen Platze am nächsten kommt, unter Berücksichtigung der Fluchtlinie des Decks aufgenommen.

d) Bestimmung der Deckbalkenbucht unter dem Vermessungsdeck.
Artikel 20.

Die Deckbalkenbucht wird bei jedem der aufzumessen= den Querschnitte ermittelt. Behufs Bestimmung der Deck= balkenbucht wird eine der im Artikel 1 unter Nr. 10 be= zeichneten Lotleinen an die Stelle jedes Querschnitts ge= halten, wo die untere Fläche des Decks mit der inneren Fläche der Binnenbords=Bekleidung sich schneidet. Hier= auf wird die Leine nach dem auf der anderen Seite des Schiffes liegenden korrespondierenden Punkte straff aus= gespannt; der senkrechte Abstand der straffen Leine von der unteren Fläche des Vermessungsdecks in der Mitte des Querschnitts ist sodann das Maß für die Deckbalkenbucht, welches vermittels eines der im Artikel 1 unter 3, 4 oder 5 bezeichneten Meterstöcke aufzunehmen ist.

Kann man die oben bezeichneten Punkte mit der Hand nicht erreichen, so wird der Ring einer der im Artikel 1 unter Nr. 10 bezeichneten Lotleinen an der Spitze eines mit seinem Stahlgeräte versehenen Meterstockes (Artikel 1 Nr. 1 oder 2) befestigt und die Spitze des Stockes in dem einen Punkte eingesetzt, sodann wird die Lotleine in das Lager eines anderen, mit seinem Stahlgeräte versehenen Meterstockes gelegt, die Spitze desselben auf der anderen Seite des Querschnittes ebenfalls in dem bezeichneten

Punkte eingesetzt, und die Leine steif geholt, so daß sie eine gerade Linie bildet. Der senkrechte Abstand der straffen Leine von der unteren Fläche des Vermessungs=decks ist sodann wie oben das Maß für die Deckbalkenbucht.

Falls Lukenschwellen oder Verbandstücke unter den Deckplanken die Ausspannung der Leine in gerader Linie an der betreffenden Stelle des Querschnitts verhindern, erfolgt die Bestimmung der Deckbalkenbucht außerhalb des Querschnitts, so weit vor oder hinter demselben, als erforderlich ist, um die Spannung der Leine in gerader Linie zu ermöglichen.

Kann die Bestimmung der Deckbalkenbucht in der vor=stehend beschriebenen Weise u n t e r Deck nicht erfolgen, so ist dieselbe a u f Deck über dem betreffenden Querschnitt in der Art vorzunehmen, daß eine der Lotleinen (Artikel 1 Nr. 10) quer über Deck in gerader Linie ausgespannt, und die senkrechten Abstände dieser Linie von der Deck=fläche sowohl mittschiffs, als an einer Seite des Decks gemessen werden. Der Unterschied der beiden Abstände ergibt dann bei Decks ohne vorstehenden Fisch gleich=falls die Deckbalkenbucht. Bei Decks mit vorstehendem Fisch muß zu dem Abstande der Leine von der Deckfläche mittschiffs noch der Vorsprung des Fisches addiert werden.

e) Messung der Breiten der Querschnitte unter dem Vermessungsdeck.

Artikel 21.

Die Breiten sind je nach den Umständen vermittels des Meßbandes oder der Meterstöcke zu messen.

Um die Breiten der Querschnitte zu messen, richtet man in jedem Querschnitt einen Meterstock in der Mitte des Querschnitts oder möglichst nahe derselben und parallel zur Längsſchnittsebene derart auf, daß das untere Ende des Stockes den Schiffsboden und das obere Ende das Vermeſſungsdeck berührt und bezeichnet an dem ſo auf= geſtellten Meterſtocke die Teilungspunkte, in welche die in Rechnung zu nehmende Tiefe des Querſchnitts nach den Beſtimmungen im § 7 Abſ. 4 beziehungsweise 6 der Schiffs= vermeſſungsordnung geteilt worden iſt (vergleiche die Figur 10 auf Tafel V). Iſt das Vermeſſungsdeck nicht das unterſte Deck des Schiffes, und trifft die Tiefe nicht in eine Öffnung des zwiſchenliegenden Decks, ſo wird in der Verlängerung des zwiſchen dem Schiffsboden und dem unterſten Deck aufgeſtellten Stockes, zwiſchen dieſem Deck und dem Vermeſſungsdeck ein zweiter Stock er= richtet und beide zuſammen in der vorgeſchriebenen Weiſe eingeteilt (vergleiche die Figur 12 auf Tafel VI). Durch dieſe Teilungspunkte ſind ſodann rechtwinklig zur Längs= ſchnittsebene des Schiffes die Breitenmaße aufzunehmen.

In Schiffen, welche keine Zwiſchendeckbalken haben und in welchen aus dieſem Grunde die Endpunkte der oberen Breiten mit der Hand ſchwierig zu erreichen ſind, wird die Meſſung dadurch ausgeführt, daß das Meßband über die Stahlgeräte der damit verſehenen Meterſtöcke gelegt wird und die Stahlgeräte an die Endpunkte der Breiten angeſetzt werden; alsdann wird das Meßband ſtraff gezogen, das herabhängende Ende desſelben an den Stock gelegt und quer über dieſen und das Band ein Kreideſtrich gemacht; demnächſt werden das Meßband und die Stahl= geräte heruntergenommen und die Länge des Meßbandes zwiſchen den eben erwähnten Geräten abgeleſen. Falls ſich das Meßband beim Herunternehmen verſchoben haben ſollte, iſt ſeine Lage nach Maßgabe des Kreideſtrichs zu berichtigen und erſt dann die Ableſung vorzunehmen.

Die durch den oberen Endpunkt der Tiefe in einem
Abstand von einem Drittel der Deckbalkenbucht unter dem
Vermessungsdeck zu messende Breite wird, da ihre recht=
winklig zur vertikalen Kielebene gehende Richtung durch
das Deck geht, an der gedachten Stelle in der Regel nicht
aufgenommen werden können. Es ist daher diese Breite
des Querschnitts an derjenigen nächstgelegenen Stelle im
Querschnitte zu ermitteln, an welcher das Meßband gerad=
linig ausgespannt werden kann, wobei je nach dem Ver=
laufe der inneren Flächen der Binnenbords=Bekleidungen
nach oben zu die erforderlichen Abzüge oder Zuschläge zu
machen sind.

Die durch den unteren Endpunkt der Tiefe zu messende
Breite ist in jedem Falle die Breite des Bodens, soweit
dieser von Bord zu Bord geradlinig oder platt ist. In
Schiffen mit völlig plattem Boden wird also die ganze
Breite des platten Bodens (vergleiche die Figur 24 auf
Tafel X), und in Schiffen mit rundem Boden der Ab=
stand zwischen denjenigen Stellen am Boden aufzunehmen
sein, an denen dieser sich über der untersten, von Bord zu
Bord geradlinigen Stelle zu erheben beginnt (vergleiche
die Figuren 10 und 12 auf Tafel V und VI).

Bei Schiffen mit Doppelboden, bei welchen der innere
Boden nach den Seiten zu ansteigt, werden die Flächen=
inhalte der in den Bereich eines derartigen Doppelbodens
fallenden Querschnitte in folgender Weise ermittelt:

Beträgt die Tiefe des durch den mittelsten Teilungs=
punkt der Länge gelegten Querschnitts nicht mehr als
5 Meter, so wird die Tiefe eines jeden Querschnitts in
fünf gleiche Teile geteilt. Durch jeden der vier mittleren
Teilungspunkte, sowie durch den oberen Endpunkt der
Tiefe werden sodann die inneren Breiten jedes Quer=

schnitts rechtwinklig zur Längsschnittsebene bis zur inneren Fluchtlinie der Binnenbords=Bekleidung gemessen. Wenn diese Breiten von oben der Reihe nach mit 1, 2, 3 usw. bezeichnet werden, so ist die zweite und vierte Breite mit 4, die dritte mit 2 zu multiplizieren und zu der Summe der Produkte die erste und fünfte Breite zu addieren. Diese Zahl ist mit dem dritten Teil des gemeinsamen Abstandes der Breiten voneinander zu multiplizieren. Das Produkt ergibt den Flächeninhalt des oberen Teiles des Querschnitts. Um den Flächeninhalt des unteren, zwischen dem fünften und dem untersten Teilpunkt der Tiefe des Querschnitts belegenen Teiles zu finden, ist der zwischen diesen beiden Teilungspunkten befindliche Abstand in vier gleiche Teile zu teilen. An diesen Teilungspunkten sind die betreffenden Breitenabmessungen zu nehmen.

Die Berechnung des unteren Flächenstücks geschieht in der im § 7 Abs. 5 der Schiffsvermessungsordnung angegebenen Weise. Die Summe beider Flächeninhalte ergibt dann den Inhalt des ganzen Querschnitts.

Beträgt jedoch die Tiefe des durch den mittelsten Teilungspunkt der Länge gelegten Querschnitts mehr als 5 Meter, so wird die Tiefe eines jeden Querschnitts anstatt in fünf, in sieben gleiche Teile geteilt. Dementsprechend sind jetzt sechs mittlere Breiten und die oberste Breite zu messen. Bezeichnet man dieselben von oben der Reihe nach mit 1, 2, 3 usw., so ist die zweite, vierte und sechste Breite mit 4, die dritte und fünfte Breite mit 2 zu multiplizieren und zur Summe dieser Produkte die erste und siebente Breite zu addieren. Die Gesamtsumme wird mit dem Drittel des gemeinsamen Abstandes der Breiten voneinander multipliziert und das Produkt ergibt den

Flächeninhalt des oberen Teiles des Querschnitts. Der Flächeninhalt des unteren Teiles desselben wird, wie vorher angegeben, bestimmt. Die Summe beider Flächeninhalte ist somit der Inhalt des ganzen Querschnitts.

Liegt an der Stelle, wo die Messung einer Breite geschehen soll, ein Deckbalken, so wird die Messung an der Vorder= oder Hinterseite des Balkens, je nachdem die Stelle dieser oder jener Seite näher ist, vorgenommen.

Wird die Messung einzelner Breiten durch fest angebrachte Schotte oder Verbandstücke an der Aufnahmestelle verhindert, so kann die Breitenmessung ausnahmsweise auch an einer anderen, der vorgeschriebenen indessen möglichst naheliegenden Stelle vorgenommen werden. In solchem Falle muß eine Berichtigung der aufgenommenen Maße der Form des Schiffes entsprechend erfolgen.

Wird die Aufnahme der Breiten durch ein in der Mittellinie des Schiffes vorhandenes Längsschott verhindert, so werden die Teilpunkte der Tiefe, in welchen die Breiten gemessen werden sollen, auf beiden Seiten dieses Schottes abgesetzt. Von jedem dieser Teilpunkte ab sind sodann die Breiten rechtwinklig zum Schott nach jeder Seite hin zu messen. Die Summen beider Messungen, vermehrt um die Dicke des Schottes, ergeben in solchem Falle die ganzen Breiten des Querschnitts in den betreffenden Teilpunkten.

Trifft bei einer vorhandenen Auslattung, welche nach Artikel 9 als feste Binnenbords=Bekleidung angesehen werden kann, eine aufzunehmende Breite auf einen Zwischenraum zwischen zwei Latten, so wird bis zur inneren Fluchtlinie der Auslattung gemessen (vergleiche die Figur 9 auf Tafel IV).

f) Messungen in den Zwischendeckräumen über dem Vermessungsdeck.

Artikel 22.

Die innere Länge des Zwischendeckraumes wird in folgender Weise ermittelt.

Auf den im § 6 Abs. 1 der Schiffsvermessungsordnung bestimmten Punkten (Endpunkten des Vermessungsdecks) wird ein Meterstock lotrecht derart aufgestellt, daß das untere Ende desselben auf dem Vermessungsdeck ruht, das obere die untere Fläche des oberen Decks berührt. Von der Vorder= beziehungsweise Hinterkante dieser Meter= stöcke wird die Entfernung bis zur inneren Fläche der Be= kleidung neben dem Vordersteven beziehungsweise bis zur inneren Fläche der Bekleidung der Inhölzer am Heck rechtwinklig zum Meterstock gemessen (vergleiche die Figur 3 auf Tafel II).

Die Summe dieser Entfernungen zur Länge des Ver= messungsdecks addiert, gibt die Gesamtlänge des Zwischen= deckraumes in halber Höhe.

Diese Länge wird in eine solche Anzahl gleicher Teile geteilt, wie es nach § 6 der Schiffsvermessungsordnung der Länge des Vermessungsdecks entsprechen würde. In jedem dieser Teilungspunkte wird sodann die Höhe und Breite nach § 10 der Schiffsvermessungsordnung gemessen (ver= gleiche die Figur 23 auf Tafel X).

g) Messung der Aufbauten und der vom Brutto-Raumgehalt in Abzug zu bringenden Räume.

Artikel 23.

Ob ein fest angebrachter Aufbau auf dem obersten Deck zur Vermessung zu ziehen ist oder nicht, ist nach den in dem § 13 der Schiffsvermessungsordnung enthaltenen Bestimmungen zu beurteilen.

Gestattet die innere Einrichtung der fest angebrachten Aufbauten auf dem obersten Deck die Aufnahme der Maße im Innern nicht, so erfolgt dieselbe an der Außenseite der Aufbauten unter Berücksichtigung der wegen der Dicke der Wände und Decken zu machenden Abzüge.

Bei fest angebrachten Aufbauten auf Deck, in Form von erhöhten Luken oder Verschlägen, welche mit dem Raume unter Deck in Verbindung stehen, ist die Messung ihrer Höhe von der unteren Fläche der Lukendeckel bis zur unteren Deckfläche oder bis zu derjenigen Fläche des Raumes unter Deck auszudehnen, bis zu welcher die Vermessung dieses Raumes vorgenommen wurde. Als mitt= lere Höhe des Raumes wird das arithmetische Mittel von den in der Mitte und an der Seite des einen Endsülls der Luke gemessenen beiden Höhen betrachtet (vergleiche die Figur 18 auf Tafel VIII).

Aufbauten von unregelmäßiger oder solcher Form, welche die Ermittelung ihres körperlichen Inhalts in einer Operation nicht zuläßt, sind in mehrere Teile zu teilen und diese Teile einzeln zu vermessen (vergleiche die Fi= guren 13 bis 16 auf Tafel VII).

h) Messungen nach dem abgekürzten Verfahren.
Artikel 24.

Bei Messung der Länge des Schiffes zwischen den im § 18 Abs. 1 der Schiffsvermessungsordnung bestimmten Punkten wird in derselben Weise wie bei Ermittelung der Länge des Vermessungsdecks (Artikel 17) verfahren.

Behufs Messung der größten Breite des Schiffes werden die beiden Lote (Artikel 1 Nr. 10) außenbords so aufgehängt, daß ihre perpendikulär herabhängenden Leinen die Außenflächen der Außenbords=Bekleidungen oder der

Berghölzer an gegenüberliegenden Punkten eines Quer=
ſchnitts des Schiffes berühren. Der normale Abſtand der
beiden Leinen, welcher entweder mit dem Meßbande
(Artikel 1 Nr. 6) oder mit den Meterſtöcken (Artikel 1 Nr. 1
bis 4) gemeſſen wird, ergibt dann eine Breite des Schiffes.
Dieſe Breitenaufnahme wird ſodann auch in anderen
Querſchnitten des Schiffes vorgenommen und ſo lange
wiederholt, als die Reſultate der Meſſungen größer wer=
den. Das auf dieſe Weiſe erzielte größte Reſultat iſt
dann die zu ermittelnde **größte Breite** des Schiffes.
Vor dieſer Meſſung iſt eine etwa vorhandene Schlagſeite
des Schiffes durch entſprechendes Belaſten desſelben zu
entfernen.

Der Umfang des Schiffes in der Außenfläche der
Außenbords=Bekleidung wird mittels der im Artikel 1
Nr. 7 bezeichneten Meßkette und der Meterſtöcke (Artikel 1
Nr. 1 bis 5) in der im § 18 Abſ. 2 der Schiffsvermeſſungs=
ordnung vorgeſchriebenen Weiſe ermittelt.

i) Meſſung der Identitätsmaße.
Artikel 25.

Bei Meſſung der Länge des Schiffes zwiſchen den im
§ 25 1a und 2a der Schiffsvermeſſungsordnung beſtimm=
ten Punkten (vergleiche die Figuren 5 und 6 auf Tafel III)
wird in derſelben Weiſe wie bei Ermittelung der Länge
des Vermeſſungsdecks (Artikel 17) verfahren.

Die Meſſung der Breite erfolgt mit den im Artikel 1
unter Nr. 1 bis 4 aufgeführten Meterſtöcken zwiſchen den
im § 25 1b der Schiffsvermeſſungsordnung bezeichneten
Punkten (vergleiche die Figur 12 auf Tafel VI) recht=
winklig zur Längsſchnittsebene des Schiffes.

Bei Meſſung der Tiefe wird in derſelben Weiſe wie

bei Ermittelung der Tiefen der Querschnitte (Artikel 19)
verfahren (vergleiche die Figuren 10 und 12 auf Tafel V
und VI). Ist eine versenkte Hütte in der Mitte der Länge
vorhanden, so sind zwei Tiefen, und zwar die eine bis zur
Unterkante des versenkten Decks, die zweite bis zur Unter=
kante des Hüttendecks zu messen. In solchem Falle sind
in das Vermessungsprotokoll und in den Meßbrief beide
Tiefen und zwar in Bruchform einzutragen (vergleiche
die Figuren 1 und 2 auf Tafel I).

IV. Die Berechnung des Raumgehaltes.
Artikel 26.

Die Aufnahme der Vermessungsprotokolle erfolgt nach
D bis G Maßgabe der unter D bis G beigefügten Formulare.

Jedes Protokoll ist nach Beendigung aller darin vor=
zunehmenden Berechnungen und Aufzeichnungen von min=
destens zwei Mitgliedern der Vermessungsbehörde, unter
welchen der Schiffbautechniker sich befinden muß, zu unter=
zeichnen.

Artikel 27.

Alle Rechnungen sind mit drei Dezimalen durchzu=
führen, und zwar ist die dritte Dezimalstelle um 1 zu er=
höhen, wenn die darauf folgende vierte Stelle 5 oder mehr
beträgt.

Artikel 28.

Zur Kontrolle der nach dem vollständigen Verfahren
vorgenommenen Messungen und Berechnungen des Raum=
gehalts eines Schiffes unter dem Vermessungsdeck oder
des Brutto=Raumgehalts eines offenen Fahrzeuges sind
in dem Vermessungsprotokolle die nachstehend beschrie=

benen Zeichnungen nach einem der auf der Anlage dar=
gestellten Maßstäbe und zwar mindestens bis auf Zenti=
meter genau auszuführen.

a) Konstruktion der Kurven der halben Querschnitte.

Auf der in der Anlage zum Vermessungsprotokoll zum
Zwecke der Kurvenkonstruktion gezogenen wagerechten Linie
sind von dem Mittelpunkte derselben aus die Abstände der
Querschnitte abzusetzen, so daß die wagerechte Linie die
Länge des Vermessungsdecks mit ihren Teilungspunkten
darstellt.

Die Teilungspunkte sind ebenso wie die an Bord auf=
genommenen Querschnitte zu numerieren, und in jedem
derselben ist eine Normale zu errichten. Auf diesen Nor=
malen sind die in Rechnung genommenen Tiefen der be=
treffenden Querschnitte abzusetzen und ist jede derselben
entsprechend der Einteilung der an Bord aufgenommenen
Tiefen zu teilen. Durch die auf diese Weise erhaltenen
Teilungspunkte der Tiefen sind von den Normalen nach
rechts hin Parallelen zur wagerechten Linie zu ziehen,
auf denen die Hälften der in Rechnung genommenen
Breiten der Querschnitte abzutragen sind. Die so gefun=
denen Endpunkte der Breiten jedes Querschnitts sind durch
Kurven miteinander zu verbinden, welche die äußeren
Begrenzungen der halben Querschnitte darstellen.

Für den Abstand der Querschnitte voneinander (Abf. 1)
ist von den in der Anlage wiedergegebenen Maßstäben der=
jenige zu wählen, welcher es gestattet, die Länge des
Vermessungsdecks in ihrer ganzen Ausdehnung auf der
wagerechten Linie abzutragen. Für die Zeichnung der
Querschnitte (Abf. 2) ist der Maßstab ebenfalls aus der
Anlage, und zwar so groß zu wählen, daß die halbe

größte Breite des größten Querschnitts dem Abstande zwischen den Normalen nahekommt, denselben aber nicht überschreitet.

b) Konstruktion der Kurve der Flächeninhalte der ganzen Querschnitte.

Die durch Berechnung gefundenen Zahlen, welche die Inhalte der Querschnitte in Quadratmetern angeben, sind durch 10 oder einen anderen passenden Divisor zu dividieren und die gefundenen Quotienten als lineare Metergrößen auf den nach a konstruierten Normalen, welche die Mittellinien der zugehörigen Querschnitte darstellen, abzusetzen. Demnächst sind die gefundenen Endpunkte durch eine Kurve zu verbinden.

Ist der Verlauf der nach a und b gezeichneten Kurven unregelmäßig, oder zeigen die nach a gezeichneten Kurven auffällige Abweichungen voneinander, so sind die Berechnungen der in der Zeichnung dargestellten Räume zu prüfen, und falls die gedachten Unregelmäßigkeiten durch etwa entdeckte Rechenfehler nicht aufgeklärt oder berichtigt werden sollten, auch die vorgenommenen Messungen einer Prüfung eventuell Berichtigung zu unterziehen.

Werden die Unregelmäßigkeiten der gezeichneten Kurven durch ungewöhnliche Formen der vermessenen Schiffsräume bedingt, so ist dies im Vermessungs-Protokoll neben der Zeichnung unter Beifügung einer kurzen Beschreibung der ungewöhnlichen Schiffsform zu vermerken.

In diese Konstruktion ist außerdem einzutragen:

1. In Rot die Lage der den Maschinenraum begrenzenden festen Querschotte, sowie das Maß des Abstandes eines dieser Schotte von dem nächstgelegenen Querschnitte, eventuell die Stelle, von

welcher ab die Länge eines nicht durch zwei feste Schotte abgeschlossenen Maschinenraumes gemessen werden soll (Artikel 16 Abs. 2).

2. In Blau in gleicher Weise die Lage der Begrenzungsschotte des Doppelbodens.

Artikel 29.

Das in die Schiffsmeßbriefe einzutragende Schlußergebnis der Berechnungen in Kubikmetern ist bis auf eine Dezimale in der Art abzurunden, daß dieselbe um 1 erhöht wird, wenn die zweite Dezimale 5 oder mehr beträgt.

Die Ergebnisse der Umrechnungen der Kubikmeter in britische Registertons sind bis auf zwei Dezimalen in der Art abzurunden, daß die zweite Dezimale um 1 erhöht wird, wenn die dritte Stelle 5 oder mehr beträgt.

V. Schlußbestimmungen.

Artikel 30.

Sind einzelne Vorschriften dieser Instruktion infolge der Konstruktionsart der zu vermessenden Schiffe nicht anwendbar, oder läßt die Anwendung derselben offenbar unrichtige Ergebnisse der Vermessung voraussehen, so ist vom Schiffsvermessungsamt die Bestimmung darüber einzuholen, in welcher Weise die Vermessung erfolgen soll.

Artikel 31.

Bei Vorlage der Vermessungsprotokolle (§ 24 Abs. 3 der Schiffsvermessungsordnung) ist von den Vermessungsbehörden je ein Exemplar der nach § 31 der Schiffsvermessungsordnung bei denselben eingehenden Zeichnungen dem Schiffsvermessungsamt mit einzureichen.

Falls den Vermessungsbehörden nach Einsicht der Zeichnungen Zweifel bezüglich der Ausführung der Vermessung entstehen sollten, so sind die Zeichnungen dem Schiffsvermessungsamt behufs Entscheidung über die Art der Vermessung sofort vorzulegen.

Diese Zeichnungen werden, ebenso wie die Ausfertigungen der Vermessungsprotokolle, welche nach erfolgter Ausfertigung der betreffenden Meßbriefe dem Schiffsvermessungsamt wieder zuzustellen sind, bei letzterem aufbewahrt. Eine Abschrift der Vermessungsprotokolle ist von der Schiffsvermessungsbehörde zurückzubehalten und beim Eintritt von Änderungen im Hauptprotokolle nach den darüber vom Schiffsvermessungsamt ergehenden Mitteilungen zu berichtigen und zu ergänzen.

Artikel 32.

Die Schiffsmeßbriefe (§ 27 der Schiffsvermessungsordnung) werden in zwei Exemplaren ausgefertigt, von welchen eines dem Schiffseigentümer oder dessen Vertreter, und zwar bei Meßbriefen registrierter oder zu registrierender Schiffe nach erfolgter Mitteilung an die Schiffsregisterbehörde (§ 24 Abs. 5 der Schiffsvermessungsordnung) durch diese, zu den Schiffspapieren zu überliefern ist, während das zweite Exemplar bei der ausfertigenden Behörde verbleibt. Den der Schiffsregisterbehörde mitzuteilenden Meßbriefen hat die ausfertigende Behörde eine für die Akten der Schiffsregisterbehörde bestimmte, auf einem Meßbriefformulare herzustellende beglaubigte Abschrift des Meßbriefs beizufügen, für deren Anfertigung Kosten nicht zu berechnen sind.

Die Ausfertigung der Meßbriefe erfolgt nach Maßgabe der unter A, B, C beigefügten Formulare.

Artikel 33.

Die nach § 29 der Schiffsvermessungsordnung von den mit der Ausfertigung von Meßbriefen betrauten Behörden zu führenden Listen sind nach Maßgabe des unter H beigefügten Formulars aufzustellen.

Alljährlich bis zum 1. Februar ist dem Schiffsvermessungsamt der Inhalt des im Laufe des verflossenen Jahres in die Listen Eingetragenen abschriftlich mitzuteilen.

Berlin, den 26. März 1895.

Der Stellvertreter des Reichskanzlers.

von Boetticher.

Formulare

für die Meßbriefe A, B, C.

Deutsches Reich.

Schiffsgattung:	Namen des Schiffes:		Unterscheidungs-Signal:	Nationalität:
				Heimatshafen:

Schiffs-Meßbrief.

Schiffsbeschreibung.

Erbauer:	Beschaffenheit des obersten Decks:	Wegerung:
Erbauungsjahr:		Form des Bugs:
Erbauungsort:	Anzahl der wasserdichten Querschotte unter und über dem Vermessungsdeck:	Form des Hecks:
Baumaterial:		Anzahl der Schornsteine:
Bauart:	Anzahl der Wasserballastbehälter mit Ladeluken:	Anzahl der Masten:
Anzahl der Decks:		Takelung:

Identitäts-Maße.

1. Die **Länge des Schiffes** zwischen der hinteren Fläche des Vorderstevens bis zur hinteren Fläche des Hinterstevens (bei Schiffen mit Patentruder bis zur Mitte des Ruderherzens) auf dem obersten festen Deck beträgt . . . . m

2. Die **größte Breite des Schiffes** zwischen den Außenflächen der Außenbordsbekleidungen oder der Berghölzer beträgt . . . . m

3. Die **Tiefe des Schiffsraumes** zwischen der Unterkante des obersten festen Decks und der Oberkante der Bodenwrangen neben dem Kielschwein, bezw. der oberen Fläche des inneren eisernen Doppelbodens, wo ein solcher vorhanden ist, in der Mitte der nach 1 ermittelten Länge beträgt . . . m

4. Die **größte Länge des Maschinenraumes** einschließlich der etwa vorhandenen festen Kohlenbehälter zwischen den diese Räume begrenzenden, von Bord zu Bord reichenden Schotten beträgt . . . m

Vermessungs-Ergebnisse.

Brutto-Raumgehalt.	cbm	Abzüge.	cbm
1. Raum unter dem Vermessungsdeck		I. Hinsichtlich der Räume für Treibkraft	
2. Raum zwischen dem Vermessungsdeck und dem darüber befindlichen Deck		II. Mannschafts-, Navigierungsräume usw.:	
3. Raum zwischen dem 1. und 2. Deck über dem Vermessungsdeck		1. Räume für Seeleute, Heizer, Deckoffiziere, Köche, Aufwärter usw.	
4. Quarterdeck-Kajüte oder Achterdeck-Hütte (Poop)		2. Räume f. Offiziere, Maschinisten usw.	
5. Back		3. Ruderhäuser, Kartenhaus usw.	
6. Räume unter dem Brückendeck		4. Segelraum	
7. Halbdeck		5. Bootsmannsvorräte	
8. Sonstige Räume		6. Räume für Wasserballast	
9. Der in Anrechnung zu bringende Inhalt der Ladeluken		III. Räume für den Schiffsführer	
Brutto-Raumgehalt		Summe der Abzüge	

	cbm	Reg.-Tons	Schlußergebnis der Vermessung:	cbm	Reg.-Tons
Brutto-Raumgehalt			Brutto-Raumgehalt		
Abzüge			Netto-Raumgehalt		
Netto-Raumgehalt					

Über die vorstehende nach der Schiffsvermessungs-Ordnung vom 1ten März 1895 von der Vermessungsbehörde zu .... am ..... ten .... 19 ..... beendete Vermessung nach dem vollständigen Verfahren wird dieser Meßbrief ausgefertigt.

................................, den ..... ten .... 19 ......

....

....

Bemerkung: Folgende Aufbauten auf bezw. über dem Oberdeck sind als offene Räume angesehen und daher in obigen Brutto- und Netto-Raumgehalt nicht eingemessen worden.

Deutsches Reich.

Schiffsgattung:	Namen des Schiffes:	Unterscheidungs-Signal:	Nationalität:
			Heimatshafen:

Schiffs-Meßbrief.

Schiffsbeschreibung.

Erbauer: Erbauungsjahr: Erbauungsort: Baumaterial: Bauart:	Anzahl der wasserdichten Quer- schotte unter den gedeckten Räumen: Wegerung: Form des Bugs:	Form des Hecks: Anzahl der Schornsteine: Anzahl der Masten: Takelung:

Identitäts-Maße.

1. Die **Länge des Fahrzeuges** zwischen der hinteren Fläche des Vorderstevens bis zu der hinteren Fläche des Hinterstevens in der Höhe der Oberkante des obersten Plankenganges beträgt . . . . . m

2. Die **Breite des Fahrzeuges** zwischen den Außenflächen der Außenbordsbekleidungen in der Mitte der nach 1 ermittelten Länge beträgt . . . . m

3. Die **Tiefe des Fahrzeuges** von dem im zweiten Absatz des § 20 der Schiffsvermessungs-Ordnung angegebenen oberen Punkte bis zur Oberkante der Bodenwrangen in der Mitte der nach 1 ermittelten Länge beträgt . . . . m

Vermessungs-Ergebnisse.

Brutto-Raumgehalt.	cbm	Abzüge.	cbm
1. Raum unter dem an Stelle des Vermessungsdecks bezeichneten obersten fest angebrachten Plankengange		I. Hinsichtlich der Räume für Treibkraft	
2. Halbdeck		II. Mannschafts-, Navigierungsräume usw.:	
3. Back		1. Räume für Seeleute, Heizer usw. . . .	
4. Sonstige Räume		2. Bootsmannsvorräte, Segelraum . . .	
		3. Räume für Wasserballast	
		III. Räume für den Schiffsführer	
Brutto-Raumgehalt . .		Summe der Abzüge . .	

	cbm	Reg.-Tons	Schlußergebnis der Vermessung:	cbm	Reg.-Tons
Brutto-Raumgehalt					
Abzüge			Brutto-Raumgehalt		
Netto-Raumgehalt			Netto-Raumgehalt		

Über die vorstehende nach der Schiffsvermessungs-Ordnung vom 1ten März 1895 von der Vermessungsbehörde zu .... am ...... ten .... 19...... beendete Vermessung nach dem vollständigen Verfahren wird dieser Meßbrief ausgefertigt.

...., den ...... ten .... 19......

....

....

Für Dampf- und Segelschiffe,
welche nach dem abgekürzten
Verfahren vermessen sind.

Deutsches Reich.

Schiffsgattung:	Namen des Schiffes:		Unterscheidungs-Signal:	Nationalität:
				Heimatshafen:

Interimistischer Schiffs-Meßbrief.

Schiffsbeschreibung.

Erbauer:	Beschaffenheit des obersten Decks:	Wegerung:
Erbauungsjahr:		Form des Bugs:
Erbauungsort:	Anzahl der wasserdichten Quer-	Form des Hecks:
Baumaterial:	schotte:	Anzahl der Schornsteine:
Bauart:	Anzahl der Wasserballastbehälter	Anzahl der Masten:
Anzahl der Decks:	mit Ladeluken:	Takelung:

Identitäts-Maße.

1. Die **Länge des Schiffes** zwischen der hinteren Fläche des Vorderstevens bis zur hinteren Fläche des Hinterstevens (bei Schiffen mit Patentruder bis zur Mitte des Ruderherzens) auf dem obersten festen Deck beträgt . . . . m
2. Die **größte Breite des Schiffes** zwischen den Außenflächen der Außenbordsbekleidung oder der Berghölzer beträgt . . . . m
3. Der nach § 18 der Schiffsvermessungs-Ordnung ermittelte **Umfang des Schiffes** in der Außenfläche der Außenbordsbekleidungen beträgt . . . . m
4. Die **größte Länge des Maschinenraumes** einschließlich der etwa vorhandenen festen Kohlen- behälter zwischen den diese Räume begrenzenden, von Bord zu Bord reichenden Schotten beträgt . . . . . . m

Vermessungs-Ergebnisse.

Brutto-Raumgehalt.	cbm	Abzüge.	cbm
1. Raum unter dem obersten Deck		I. Hinsichtlich der Räume für Treibkraft	
2. Quarterdeck-Kajüte oder Achterdeck-Hütte (Poop)		II. Mannschafts-, Navigierungsräume usw.:	
3. Back		1. Räume für Seeleute, Heizer, Deck-offiziere, Köche, Aufwärter usw. . .	
4. Räume unter dem Brückendeck		2. Räume f. Offiziere, Maschinisten usw.	
5. Halbdeck		3. Ruderhäuser, Kartenhaus usw. . .	
6. Sonstige Räume		4. Segelraum	
7. Der in Anrechnung zu bringende Inhalt der Ladeluken		5. Bootsmannsvorräte	
		6. Räume für Wasserballast	
		III. Räume für den Schiffsführer	
Brutto-Raumgehalt . .		Summe der Abzüge . .	

	cbm	Reg.-Tons	Schlußergebnis der Vermessung:	cbm	Reg.-Tons
Brutto-Raumgehalt					
Abzüge			Brutto-Raumgehalt		
Netto-Raumgehalt			Netto-Raumgehalt		

Über die vorstehende nach der Schiffsvermessungs-Ordnung vom 1ten März 1895 von der Vermessungs-behörde zu .... am ...... ten .... 19 .... beendete Vermessung nach dem abgekürzten Verfahren wird dieser Meßbrief ausgefertigt.

.... , den ...... ten .... 19 ....

Vorschriften

über

die Vermessung der Schiffe für die Fahrt durch den Suezkanal.

---

§ 1.

Bei den für die Fahrt durch den Suezkanal bestimmten Schiffen kann auf Antrag der Reeder oder Führer derselben eine Vermessung nach Maßgabe der nachfolgenden Bestimmungen vorgenommen werden.

§ 2.

Die Ermittelung des Bruttoraumgehalts erfolgt nach §§ 4 bis 12 der Schiffsvermessungsordnung.

I. In den Bruttoraumgehalt wird einvermessen:

a) der Raumgehalt aller gedeckten und geschlossenen oder mit Vorrichtungen zum Verschließen versehenen Räume in dauernd angebrachten Aufbauten auf oder über dem obersten Deck, welche von Bedachungen und festen Schotten derart eingeschlossen sind, daß die Räume zur Stauung von Gütern, oder zur Unterbringung oder sonstigen Bequemlichkeit der Passagiere und der Schiffsbesatzung, einschließlich des Schiffsführers, dienen können, abgesehen von den Ausnahmen, die unter bestimmten Voraussetzungen nach II dieses Paragraphen zulässig sind;

b) der Raumgehalt aller gedeckten und geschlossenen, oder mit Vorrichtungen zum Verschließen versehenen Räume in dauernd angebrachten Aufbauten auf oder über dem obersten Deck, welche zur Navigierung oder Bedienung des Schiffes bestimmt sind;

c) der Raumgehalt aller Räume, welche für den Zutritt von Licht und Luft zum Maschinenraum oder für die wirksame Tätigkeit der Maschine bestimmt sind, wenn diese Räume in verschließbaren Aufbauten liegen, welche sich von Bord zu Bord, also über die ganze Schiffsbreite, erstrecken. Derartige Aufbauten dürfen nicht nach II dieses Paragraphen behandelt werden;

d) der Raumgehalt aller Luken und Lukenkappen nach Abzug von $\frac{1}{2}$ Prozent des Bruttoraumgehalts.

II. Von der Einvermessung in den Bruttoraumgehalt sollen ausgeschlossen werden:

a) bei Schiffen mit Back, Brückenhaus und Poop

1. von der Back der in ihrer halben Höhe von der hinteren Fläche des Vorderstevens ab gemessene Teil gleich $\frac{1}{8}$ der Schiffslänge;

2. von der Achterdeckhütte (Poop) der in ihrer halben Höhe von der Vorderkante der mittelsten Heckstütze ab gemessene Teil gleich $\frac{1}{10}$ der Schiffslänge.

Unter Schiffslänge ist hierbei das Maß zwischen Hinterfläche des Vorderstevens in halber Höhe der Back und der Vorderfläche der mittelsten Heckstütze in halber Höhe der Achterdeckhütte zu verstehen;

3. vom Brückenhaus die Teile im Bereiche der Decksöffnungen für Maschinen- und Kesselraum (vorbehaltlich I c).

Für die Abgrenzung dieser auszuschließenden Teile kommen die Decksöffnungen nur insoweit in Betracht, als sie sich nicht über das vordere Schott des Kesselraumes und das hintere Schott des Hauptmaschinenraumes hinaus erstrecken;

b) bei Schiffen mit vereinigter Achterdeckhütte und Brücke oder mit vereinigter Back und Brücke, die Teile im Bereiche der Decksöffnungen für Maschinen- und Kesselraum wie bei den Brückenhäusern unter a angegeben.

Die nach Vorstehendem von der Einvermessung ausgeschlossenen Räume sind einzeln, nicht nur namentlich, sondern auch mit ihren Abmessungen und ihrem Inhalt im Meßbrief anzugeben.

Führt ein Schiff jemals während der Fahrt durch den Suezkanal Ladung oder Vorräte in irgend einem Teil dieser Räume, so wird der ganze betreffende Raum dem Nettoraumgehalt des Schiffes wieder hinzugerechnet und darf niemals mehr von der Einvermessung ausgeschlossen werden.

III. Von der Einvermessung in den Bruttoraumgehalt sind stets ausgeschlossen:

alle nicht geschlossenen und dem Wetter oder Seegange dauernd ausgesetzten Räume unter Schutzdecken, welche nur durch Deckstützen mit dem Schiffskörper verbunden sind, und zwar auch dann, wenn die Räume zum Schutz der Schiffsbesatzung und der Deckpassagiere oder zur Unterbringung von Deckladung dienen können.

§ 3.

Zur Ermittelung des Nettoraumgehalts werden vom Bruttoraumgehalt des Schiffes in Abzug gebracht:

I. der Raumgehalt derjenigen gedeckten und geschlossenen Räume in fest angebrachten Aufbauten auf dem obersten Deck, welche zur Bedienung des Ruders, des Gangspills und der Anker sowie zum Aufbewahren der Karten, Signalapparate und sonstigen nautischen Instrumente gebraucht werden, sowie die Räume zum Gebrauche der Schiffsmannschaft (§ 14 A 1 der Schiffsvermessungsordnung), nicht aber der Raum für den Schiffsführer (§ 14 A 2 ebenda) unter nachstehenden Bedingungen:

1. Jeder Raum, für welchen ein Abzug gemacht worden ist, muß an gut sichtbarer Stelle mit einer Bezeichnung versehen sein, welche die ausschließliche Bestimmung des Raumes kennzeichnet. Die Art dieser Bezeichnung bestimmt das Schiffsvermessungsamt.

   Räume, denen diese Bezeichnung fehlt, dürfen nicht in Abzug gebracht werden.

2. Jeder Abzug kommt in Wegfall, sobald einer der bezeichneten, an sich abzugsfähigen Räume zur

Aufnahme von Vorräten oder Gütern oder zur Unterbringung oder sonstigen Bequemlichkeit der Passagiere gebraucht wird.

3. Im übrigen gelten hinsichtlich der Abzüge vom Bruttoraumgehalt des Schiffes folgende Regeln:

a) Für die Arztkajüte darf nur dann ein Abzug gemacht werden, wenn ein Arzt sich an Bord befindet.

b) Es darf ferner in Abzug gebracht werden:

Ein Speisezimmer, falls dasselbe zum ausschließlichen Gebrauche für die Schiffs=offiziere und die Maschinisten dient. Der Abzug ist jedoch auf Passagierschiffen, an deren Bord sich ein zum Gebrauche für die Passagiere bestimmtes Speisezimmer über=haupt nicht befindet, nicht gestattet.

Ein zweites Speisezimmer, falls das=selbe zum ausschließlichen Gebrauche für den Bootsmann, Zimmermann usw. dient.

c) Ein als Badezimmer eingerichteter Raum wird in Abzug gebracht, wenn sich kein Passagier an Bord befindet und das Badezimmer zum ausschließlichen Gebrauche der Offiziere und Maschinisten dient.

Ein als Badezimmer eingerichteter Raum wird in Abzug gebracht, obwohl sich Passa=giere an Bord befinden, sofern das Schiff mehrere dauernd eingerichtete Badezimmer enthält. Es wird dann eins der vorhandenen Badezimmer als zum Gebrauche der Offiziere und Maschinisten bestimmt betrachtet.

d) Aufwärter, Köche auf Passagierdampfschiffen und Dienstboten der Passagiere gehören nicht zur Schiffsmannschaft, für welche Räume in Abzug gebracht werden dürfen.

4. Für den Gesamtabzug zu I darf höchstens der zwanzigste Teil des Bruttoraumgehalts des Schiffes in Anrechnung gebracht werden.

II. Ferner wird in Abzug gebracht der Raumgehalt der Maschinen-, Kessel- und Kohlenräume, und zwar entweder auf Grund wirklicher Vermessung oder nach der Donauregel.

1. Beim Abzug auf Grund wirklicher Vermessung wird wie folgt verfahren:

a) Es wird die Länge des Maschinenraumes sowie der fest angebrachten Kohlenbehälter zwischen den sie begrenzenden festen Querschotten gemessen. Ferner werden in Gemäßheit der Bestimmungen des § 7 der Schiffsvermessungsordnung drei Querschnitte gemessen bis zur Höhe des Decks des Maschinenraumes oder des unmittelbar über dem Maschinenraum befindlichen Decks, und zwar ein Querschnitt an jedem der beiden Endpunkte und ein Querschnitt in der Mitte der Länge. Zur Summe der beiden Endquerschnitte wird das Vierfache des Mittelquerschnittes addiert und die Gesamtsumme mit einem Drittel des gemeinsamen Abstandes zwischen den Querschnitten multipliziert. Das Produkt ergibt den Inhalt des Raumes.

b) Ist das unter a erwähnte, über dem Ma=
schinenraum befindliche Deck nicht das oberste
Deck des Schiffes, so wird der Inhalt des
Raumes zwischen dem genannten und dem
obersten Deck, soweit er für die Maschine
oder für den Zutritt von Licht und Luft ab=
geschieden ist, in der Weise ermittelt, daß die
mittlere Länge, mittlere Breite und mittlere
Tiefe miteinander multipliziert werden. Der
Inhalt dieses Raumes wird sodann dem In=
halt des übrigen Maschinenraumes zuge=
rechnet.

Das gleiche gilt von dem Inhalt der fest
angebrachten Behälter für Kohlen oder sonsti=
ges Heizmaterial, welche durch zwei oder
mehrere Decks gehen.

c) Befinden sich die Maschine, die Dampfkessel
oder die Behälter zur Aufnahme des Heiz=
materials in selbständigen Abteilungen, so
werden diese in der unter a und b ange=
gebenen Weise einzeln vermessen.

d) Zur Ermittelung des körperlichen Inhalts
des von dem Wellentunnel beziehungsweise
den Wellentunneln der Schraubendampfschiffe
eingenommenen Raumes wird die mittlere
Länge, Breite und Tiefe des Tunnels mitein=
ander multipliziert. Besteht der Tunnel aus
mehreren Abteilungen, so wird jede derselben
für sich vermessen.

Für die Vermessung der gedeckten und ge=
schlossenen Räume auf oder über dem obersten

Deck, welche für den Zutritt von Licht und Luft zum Maschinenraum oder für die wirksame Tätigkeit der Maschine bestimmt sind, gelten die im § 12 der Schiffsvermessungsordnung gegebenen Vorschriften.

2. Bei Anwendung der Donauregel wird wie folgt verfahren:

a) der Raumgehalt der Maschinen= und Kessel=räume wird mit Ausschluß der Kohlenräume in nachstehender Weise vermessen:

Es wird die mittlere Tiefe des Raumes von der Unterkante des über der Maschine befindlichen Decks bis zur Wegerung neben dem Kielschwein gemessen. In halber Höhe des Raumes werden ferner drei Breiten gemessen, und zwar eine Breite an jedem End=punkt und die dritte in der Mitte der Länge. Wenn erforderlich, werden mehr als drei Breiten gemessen. Aus den gemessenen Brei=ten wird das Mittel genommen.

Sodann wird die mittlere Länge des Raumes zwischen den denselben vorn und hinten begrenzenden Querschotten gemessen, mit Ausnahme jedoch derjenigen Teile des ersteren, welche nicht tatsächlich von der Maschine und den Dampfkesseln eingenommen werden oder zur wirksamen Tätigkeit der=selben notwendig sind. Die so ermittelten Dimensionen der Länge, Breite und Tiefe werden miteinander multipliziert, und er=gibt das Produkt den körperlichen Inhalt des Raumes unter dem Deck über dem Maschinenraum.

Ist das erwähnte Deck nicht das oberste Deck des Schiffes, so wird der körperliche Inhalt des Raumes beziehungsweise der Räume zwischen dem bereits gemessenen und dem obersten Deck, soweit sie für die Maschine oder für den Zutritt von Licht und Luft zum Maschinenraum abgeschieden sind, in der Weise ermittelt, daß für jeden seine mittlere Länge, mittlere Breite und mittlere Tiefe miteinander multipliziert werden. Der Gesamtinhalt aller dieser Räume wird sodann dem Inhalt des übrigen Maschinenraumes zugerechnet. Als oberstes Deck im Sinne dieser Vorschriften gilt dabei das Deck dauernd angebrachter verschließbarer Aufbauten, wenn letztere sich von Bord zu Bord, also über die ganze Schiffsbreite, erstrecken. Demnach sind Räume für den Zutritt von Licht und Luft zum Maschinenraum oder für die wirksame Tätigkeit der Maschine als abzugsfähige Teile des Maschinenraums nur dann zu behandeln, wenn sie entweder unter dem obersten durch= gehenden, d. h. über die gesamte Länge und Breite des Schiffes sich erstreckenden Deck oder aber in verschließbaren Aufbauten liegen, welche sich von Bord zu Bord, also über die ganze Schiffsbreite, erstrecken.

Befinden sich die Maschine und die Dampf= kessel in selbständigen Abteilungen, so wird der körperliche Inhalt jeder Abteilung nach den vorstehenden Regeln ermittelt und die Summe des Raumgehalts derselben gilt als der Inhalt des ganzen Raumes.

Bei Schraubendampfschiffen gehört auch der von dem Wellentunnel eingenommene Raum zu den zu vermessenden Maschinenräumen. Die Ermittelung des körperlichen Inhalts desselben erfolgt nach der Vorschrift dieses Paragraphen unter II 1 d.

b) Der Raumgehalt der Kohlenbehälter wird n i c h t vermessen, sondern bei Schraubendampfschiffen auf 0,75, bei Räderdampfschiffen auf 0,50 der nach a ermittelten Maschinen- und Kesselräume angenommen.

3. Der Gesamtabzug für Maschinen-, Kessel- und Kohlenräume darf — den Fall eines Schleppdampfschiffes ausgenommen — die Hälfte des Bruttoraumgehalts des Schiffes nicht übersteigen.

§ 4.

Die Ausfertigung der Meßbriefe erfolgt gemäß § 24 Abs. 3, 4 der Schiffsvermessungsordnung nach dem beiliegenden Formulare.

§ 5.

Die Gebühren für das v o l l s t ä n d i g e Verfahren und für die Ausfertigung des Meßbriefs, einschließlich der Stempelkosten, betragen, wenn der Raum unter dem Vermessungsdeck eine Neuvermessung nicht erfordert, 2½ Pfennig für jedes angefangene Kubikmeter des Bruttoraumgehalts des Schiffes. Wird jedoch nach § 7 Abs. 2 eine Neuvermessung des Raumes unter dem Vermessungsdeck vorgenommen, so sind zu den vorgenannten Gebühren noch 2 ½ Pfennig für jedes angefangene Kubikmeter des Inhalts des Raumes unter dem Vermessungsdeck hinzuzurechnen.

Bei teilweisen Vermessungen infolge Umbaues oder geänderter Benutzung betragen die Gebühren, einschließlich der Ausfertigung eines neuen Meßbriefs und der Stempel= kosten, 2 ½ Pfennig für jedes angefangene Kubikmeter der neu ermittelten Inhalte von Räumen, ohne Rücksicht darauf, ob die Neuermittelung auf tatsächlich ausgeführter Ver= messung oder auf Übernahme aus einer früheren Ver= messung beruht; jedoch mindestens 2 Mark.*)

§ 6.

Der Inhalt des Meßbriefs ist nach § 29 der Schiffs= vermessungsordnung in die dort bezeichneten Listen ein= zutragen. Alle auf die vorgenommenen Messungen und Berechnungen bezüglichen Aufzeichnungen sind in der dort vorgeschriebenen Weise aufzubewahren.

Gleichzeitig mit der Ausfertigung des Meßbriefes ist eine Abschrift desselben an das Schiffsvermessungsamt ein= zusenden.

§ 7.

Im übrigen finden die Grundsätze und Vorschriften der Schiffsvermessungsordnung und der dazu erlassenen Instruktion auch hier Anwendung.

---

*) Anmerkung. Für wiederholte Ausfertigung von Meßbriefen ohne vorgängige Vermessung betragen die Gebühren 2,00 Mark, laut Bekanntmachung vom 19. Juli 1890, Zentralbl. für das Deutsche Reich S. 281.

Die im Schlußabsatze des Artikel 18 und in den Ab=
sätzen 6 bis 9 des Artikel 21 der Instruktion zur Schiffs=
vermessung angegebenen Verfahren werden jedoch bei der
Vermessung für die Fahrt durch den Suezkanal auf An=
trag des Reeders nicht angewendet. An ihre Stelle treten
dann die allgemeinen, im § 6 und in den Absätzen 4 bis 6
des § 7 der Schiffsvermessungsordnung vorgeschriebenen
Verfahren.

Formular

zum Meßbrief für die Fahrt durch den Suezkanal.

Suezkanal.
Schiffs-Meßbrief für die Kanalfahrt.
Deutsches Reich.

Namen des Schiffes	Unterscheidungssignal	Heimatshafen	Im Schiffs-Zertifikat angegebener	
			Netto-Raumgehalt	Brutto-Raumgehalt
			in Register-Tons	

Nähere Angaben über den Raumgehalt des obengenannten Schiffes für die Fahrt durch den Suezkanal.

Die den Brutto-Raumgehalt bildenden Schiffsräume umfassen im einzelnen:

	Kubikmeter (cbm)	Register-Tons
1. Raum unter dem Vermessungsdeck		
2. Raum oder Räume zwischen dem Vermessungsdeck und dem obersten Deck . . .		
3. Gedeckte und geschlossene Räume unter oder in fest angebrachten Aufbauten auf dem obersten Deck, nämlich:	Kubikmeter (cbm)	
a) Quarterdeck-Kajüte oder Achterdeck-Hütte (Poop)		
b) Back oder Vorderkastell		
c) Raum unter der Brücke		
d) Halbdeckräume oder Deckkajütsräume		
e) Hütten ....cbm ....cbm ......cbm ......cbm		
f) Seitenhäuser ....cbm ......cbm ......cbm ......cbm		
g) Als Rauchzimmer usw. dienender Teil des Kajütstreppenhauses Lg. $\times$ Br. $\times$ H. = cbm		
h) Kombüsen, Kochhäuser, Abtritte und Badezimmer		
i) Ruderhäuser, Navigations- oder Kartenhaus, Kesselhaus für die Hilfsdampfmaschine und andere bei der Navigierung des Schiffes benutzte, geschlossene und gedeckte Räume		
k) Luken und Lukenkappen nach Abzug von $\frac{1}{2}$ Prozent des Brutto-Raumgehalts ......cbm ......cbm ......cbm ......cbm ......cbm ......cbm		
Gesamt-Raumgehalt der gedeckten und geschlossenen Räume über dem obersten Deck . .		

Brutto-Raumgehalt des Schiffes . . . .

In diesen Brutto-Raumgehalt des Schiffes sind nur die nachstehend näher bezeichneten Räume nicht eingeschlossen: . . . .

Abzüge vom Brutto-Raumgehalt.

Kubikmeter (cbm)

(1.) Logis der Schiffsmannschaft:*

Seeleute . . . . . . cbm, Heizer . . . . . . cbm, Quartiermeister . . . . . . cbm .
Oberheizer . . . . . . cbm, ... cbm, ... cbm .

(2.) Logis der Schiffsoffiziere:†

Erster Steuermann . . . . . . cbm, Zweiter Steuermann . . . . . . cbm, Dritter
Steuermann . . . . . . cbm . . . .
Erster Maschinist . . . . . . cbm, Zweiter Maschinist . . . . . . cbm, Dritter
Maschinist . . . . . . cbm . . . .
Maschinistenassistenten . . . . . . cbm, Bootsmann . . . . . . cbm, Zimmer-
mann . . . . . . cbm . . . .

(3.) Kombüsen, Kochhäuser und Abtritte, ausschließlich zum Gebrauch der Schiffsmannschaft:

Auf Deck
$\text{Lg.} \times \text{Br.} \times \text{H.} = $ cbm, $\text{Lg.} \times \text{Br.} \times \text{H.} = $ cbm, $\text{Lg.} \times \text{Br.} \times \text{H.} = $ cbm,
$\times \times = $ cbm, $\times \times = $ cbm, $\times \times = $ cbm,
$\times \times = $ cbm, $\times \times = $ cbm, $\times \times = $ cbm,
Anderwärts $\times \times = $ cbm, $\times \times = $ cbm, $\times \times = $ cbm

(4.) Gedeckte und geschlossene Räume auf dem obersten Deck, welche zur Navigierung des Schiffes benutzt werden:

(a) Navigations- oder Kartenhaus $\text{Lg.} \times \text{Br.} \times \text{H.} = $ cbm, Ausguckhaus $\text{Lg.} \times \text{Br.} \times \text{H.} = $ cbm,
Signalhaus $\times \times = $ cbm . . . . . .
Ruderhaus $\text{Lg.} \times \text{Br.} \times \text{H.} = $ cbm, ... $\text{Lg.} \times \text{Br.} \times \text{H.} = $ cbm,
. . . . . $\times \times = $ cbm

(b) Arztkajüte $\text{Lg.} \times \text{Br.} \times \text{H.} = $ cbm . . . .
(c) Offizierspeisezimmer $\times \times = $ cbm . . . . . .
(d) Deckoffizierspeisezimmer $\times \times = $ cbm . . . . . .
(e) Badezimmer $\times \times = $ cbm . . . .

Gesamtabzug für ein Segelschiff ╪ . . .

Netto-Raumgehalt, falls das Schiff ein Segelschiff ist . . . . .

	Kubikmeter (cbm)	Register-Tons

BEMERKUNGEN.

* Aufwärter, Köche auf Passagierdampfschiffen und Dienstboten der Passagiere gehören nicht zur Schiffsmannschaft, für welche Räume in Abzug gebracht werden dürfen.

† In diese Abzugsräume sind die Logisräume des Kapitäns, Arztes, Proviant- und Zahlmeisters, Schreibers usw. nicht eingeschlossen.

╪ Dieser Abzug darf in keinem Falle den zwanzigsten Teil des Brutto-Raumgehaltes des Schiffes übersteigen und kommt in Wegfall, sobald einer der bezeichneten, an sich abzugsfähigen Räume zur Aufnahme von Vorräten oder Gütern oder zur Unterbringung oder sonstigen Bequemlichkeit der Passagiere gebraucht wird.

(a) Für die Arztkajüte darf nur dann ein Abzug gemacht werden, wenn ein Arzt sich an Bord befindet.

(b) Es darf in Abzug gebracht werden:

1. Ein Speisezimmer, falls dasselbe zum ausschließlichen Gebrauch für die Schiffsoffiziere und die Maschinisten dient.

2. Ein zweites Speisezimmer, falls dasselbe zum ausschließlichen Gebrauch für den Bootsmann, Zimmermann usw. dient.

Ein Abzug für Offizier- und Maschinistenspeisezimmer ist auf Passagierschiffen, an deren Bord sich ein zum Gebrauch für die Passagiere bestimmtes Speisezimmer überhaupt nicht befindet, nicht gestattet.

(c) Ein als Badezimmer eingerichteter Raum wird in Abzug gebracht, wenn sich kein Passagier an Bord befindet und das Badezimmer zum ausschließlichen Gebrauch der Offiziere und Maschinisten dient.

Ein als Badezimmer eingerichteter Raum wird in Abzug gebracht, obwohl sich Passagiere an Bord befinden, sofern das Schiff mehrere dauernd eingerichtete Badezimmer enthält. Es wird dann eins der vorhandenen Badezimmer als zum Gebrauch der Offiziere und Maschinisten bestimmt betrachtet.

Jeder Raum, für welchen ein Abzug gemacht ist, muß an gut sichtbarer Stelle mit einer Bezeichnung versehen sein, welche die ausschließliche Bestimmung des Raumes kennzeichnet.

Räume, denen diese Bezeichnung fehlt, dürfen nicht in Abzug gebracht werden.

Abzüge für Maschinen-, Kessel- und Kohlenraum, falls es sich um ein Dampfschiff handelt.

Entweder (1.) bei Schiffen mit festen Kohlenbehältern:

(a) Maschinenraum nach Vermessung. Mit Einschluß des vom Wellentunnel eingenommenen Raumes sowie der für die wirksame Tätigkeit der Maschine und Dampfkessel abgeschiedenen Räume . . . .

(b) Dauernd hergerichtete Kohlenbehälter nach Vermessung . . . .

Gesamtabzug für Maschinen-, Kessel- und Kohlenräume** . . .

Netto-Raumgehalt des Dampfschiffes nach wirklicher Vermessung .

Oder (2.) nach der Donauregel:

(a) Maschinenraum nach Vermessung. Mit Einschluß des vom Wellentunnel eingenommenen Raumes sowie der für die wirksame Tätigkeit der Maschine und Dampfkessel abgeschiedenen Räume . . . .

(b) In einem Schraubendampfschiff $+ 75\%$ des vermessenen Maschinenraumes . . . .

(c) In einem Räderdampfschiff $+ 50\%$ des vermessenen Maschinenraumes

Gesamtabzug für Maschinen-, Kessel- und Kohlenräume** . . .

Netto-Raumgehalt des Dampfschiffes nach der Donauregel . . .

** Dieser Abzug darf — den Fall der Vermessung eines Schleppdampfschiffes ausgenommen — die Hälfte des Brutto-Raumgehaltes des Schiffes nicht übersteigen.

Dies wird auf Grund stattgehabter Vermessung in Gemäßheit der von der internationalen Kommission zur Regelung der Abgaben auf dem Suezkanal angenommenen Regeln hiermit bescheinigt.

.... , den .... 19 ....

Kubikmeter (cbm)

Druck von Oscar Brandstetter in Leipzig.

Tafeln.

Logisraum
Länge des Vermessungsdecks Art. 11
Wasserballast mit Ladeluke
Versenkter Aufbau
S. 25 d. S.V.O.
Maschinenraum
Wellentunnel
a - b = Identitätstiefen Art. 25

Fig. 1.

Logisraum
Länge des Vermessungsdecks Art. 11
a
b
Wasserballast mit Ladeluke
Versenkter Aufbau
S. 25 d. S.V.O.
Maschinenraum
Wellentunnel
a - b = Identitätstiefen Art. 25

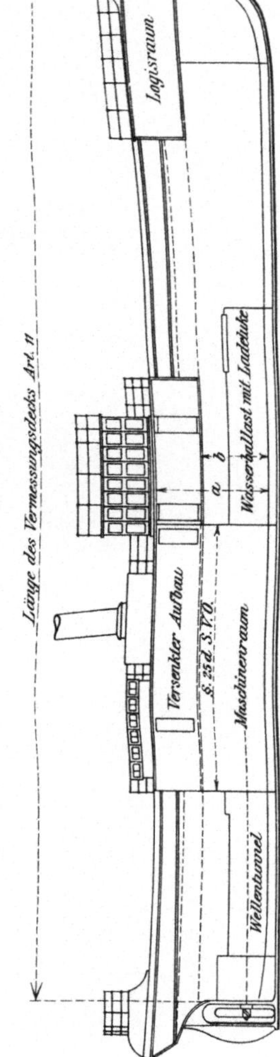

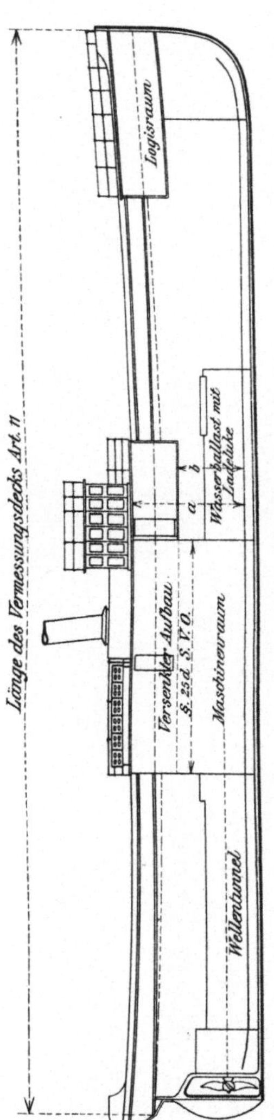

Fig. 2.

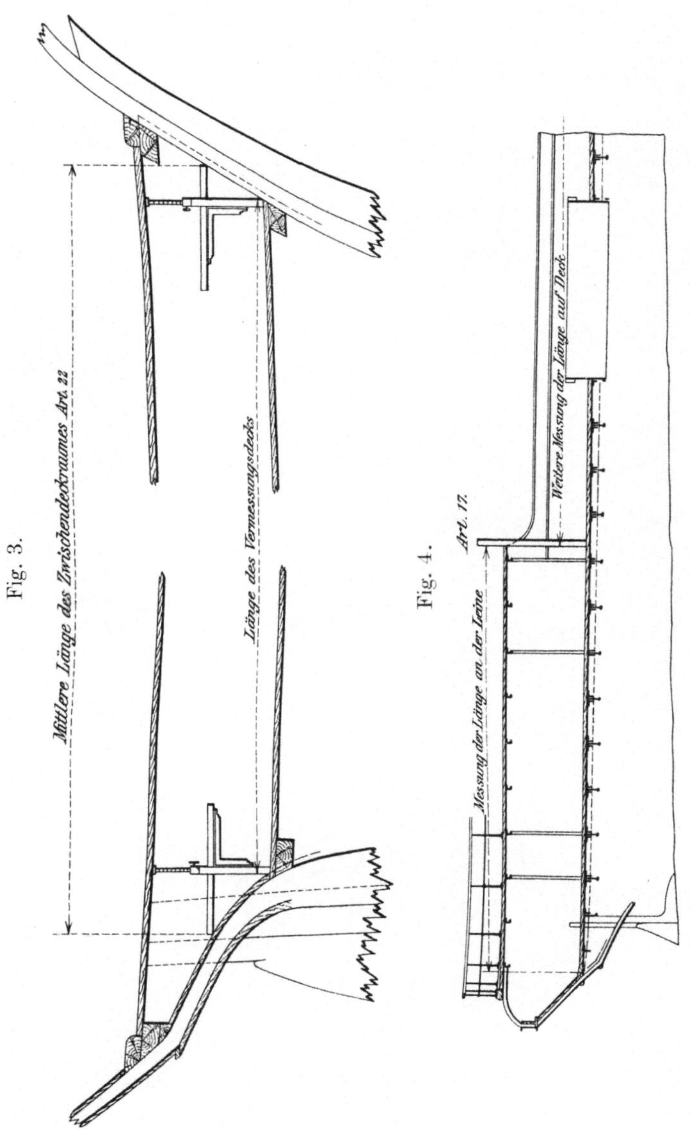

Fig. 3.
Mittlere Länge des Zwischendeckraumes Art. 22
Länge des Vermessungsdecks
Fig. 4.
Messung der Länge an der Leine
Art. 17.
Weitere Messung der Länge auf Deck

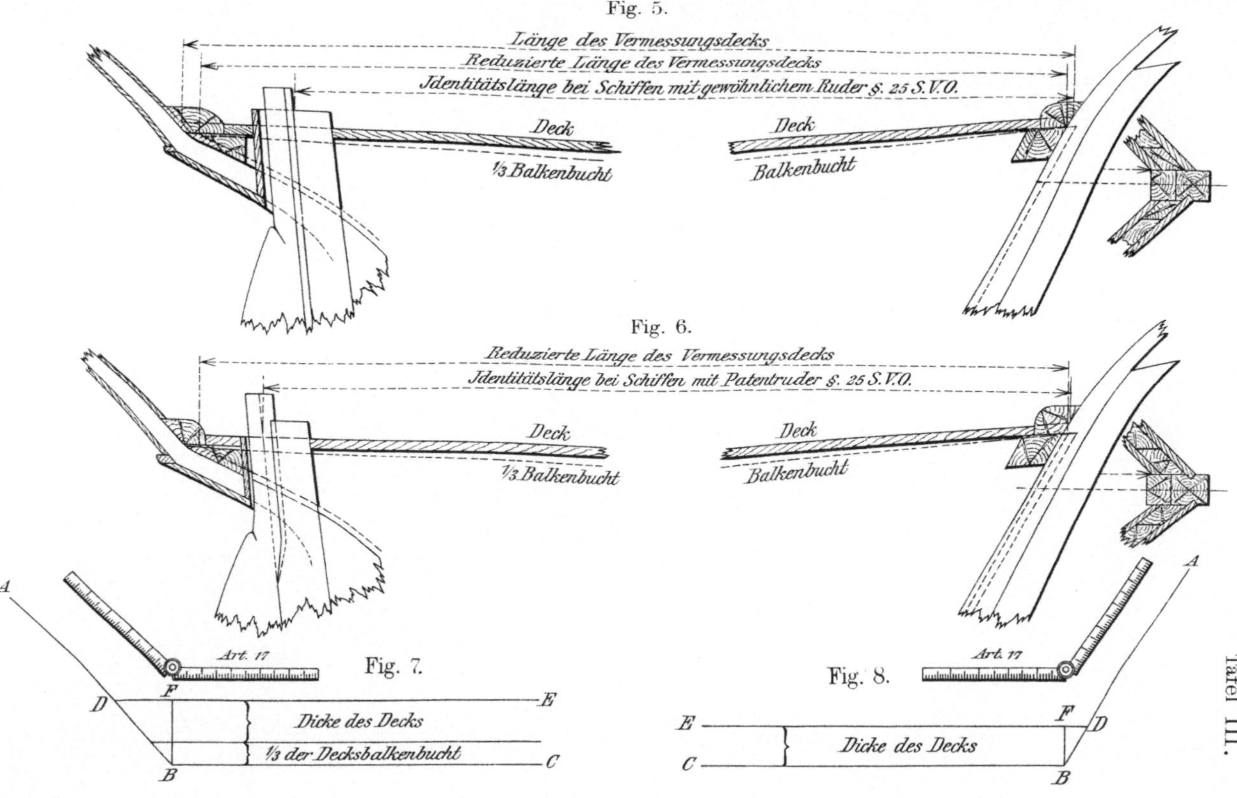

Fig. 5.
Länge des Vermessungsdecks
Reduzierte Länge des Vermessungsdecks
Identitätslänge bei Schiffen mit gewöhnlichem Ruder §. 25 S.V.O.
Deck
Deck
⅓ Balkenbucht
Balkenbucht
Fig. 6.
Reduzierte Länge des Vermessungsdecks
Identitätslänge bei Schiffen mit Patentruder §. 25 S.V.O.
Deck
Deck
⅓ Balkenbucht
Balkenbucht
Art. 17
Fig. 7.
Art. 17
Fig. 8.
A
D
F
E
B
Dicke des Decks
⅓ der Decksbalkenbucht
C
E
C
F
D
A
B
Dicke des Decks
Tafel III.

Fig. 9.

Entfernung mehr als 0,3m
Tiefe ohne Abzüge
Messung der Breite nach
Art. 9
Art. 9
Art. 9
Art. 9
Art. 9
do.
do.
do.
do.
Abzüge

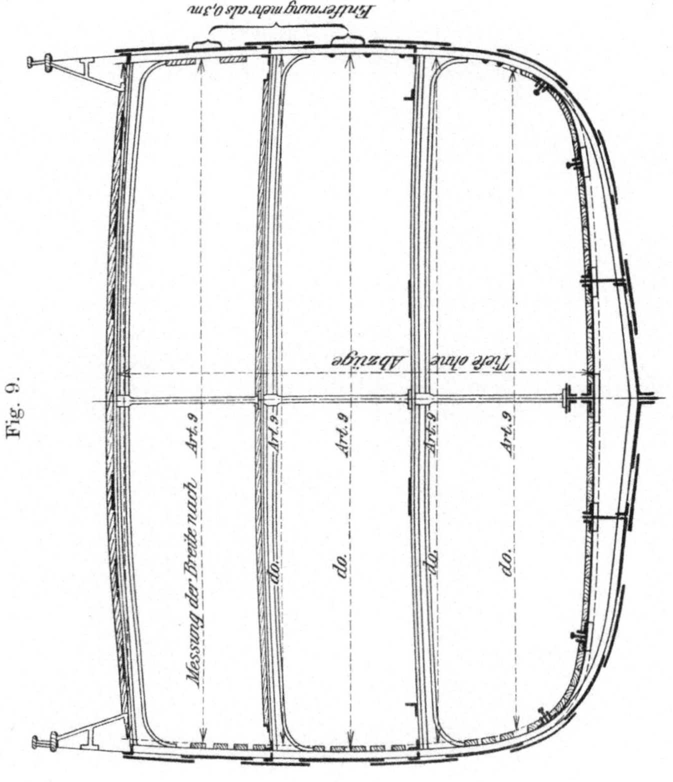

Fig. 10.

Fig. 11.

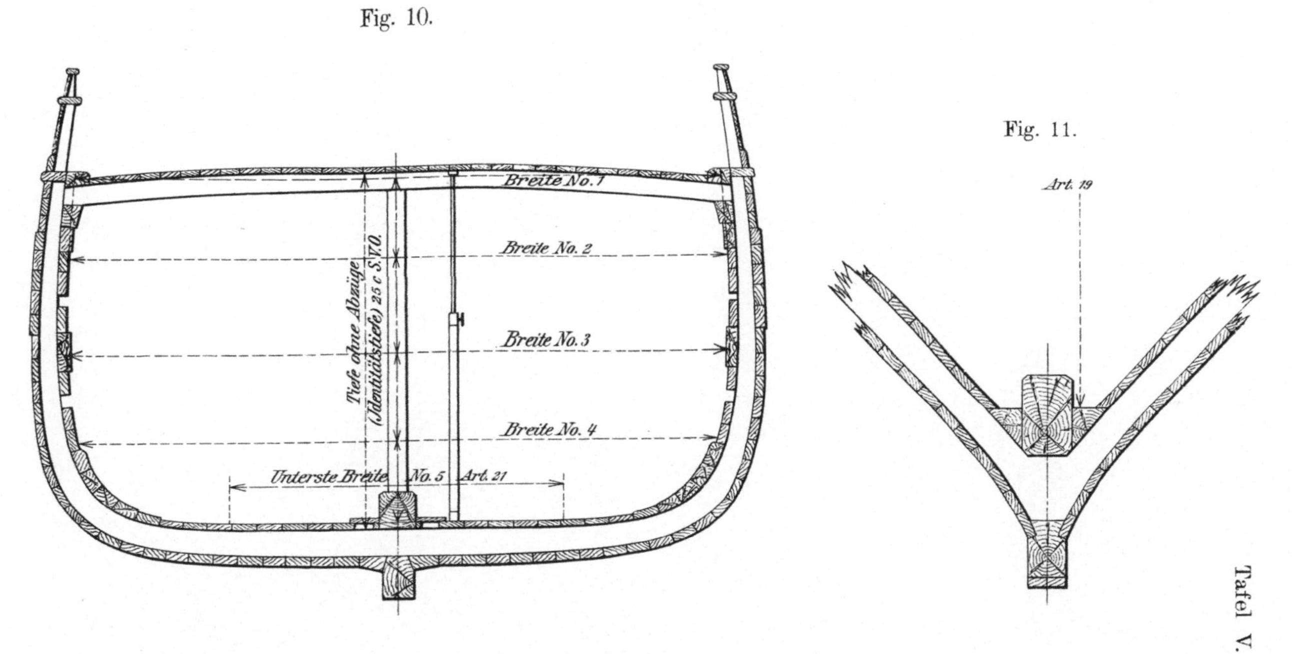

Tafel V.

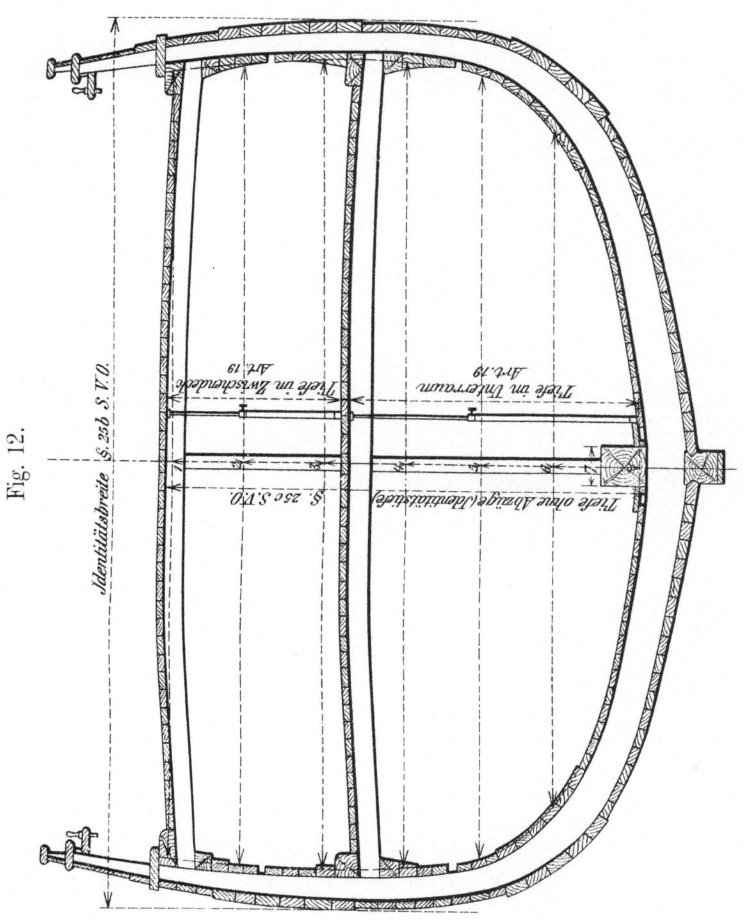

Fig. 12.
Identitätsbreite §. 25b S.V.O.
Tiefe im Zwischendeck Art. 19
Tiefe im Unterraum Art. 19
§. 25c S.V.O.
Tiefe ohne Abzüge (Identitätstiefe)

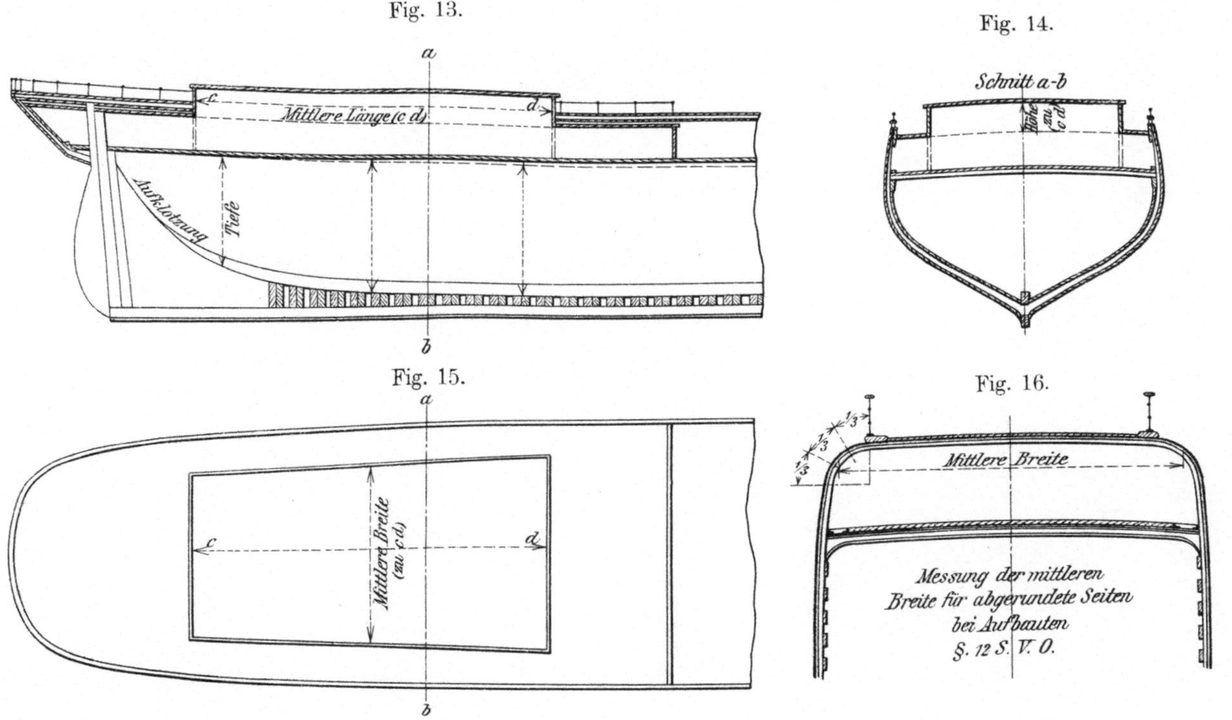
Fig. 13.
a
c
Mittlere Länge (c d)
d
Aufklotzung
Tiefe
b
Fig. 14.
Schnitt a-b
Tiefe
(zu c d)
Fig. 15.
a
c
Mittlere Breite
(zu c d)
d
b
Fig. 16.
1/3
1/3
1/3
1/3
Mittlere Breite
Messung der mittleren
Breite für abgerundete Seiten
bei Aufbauten
§. 12 S. V. O.

Tafel VIII.

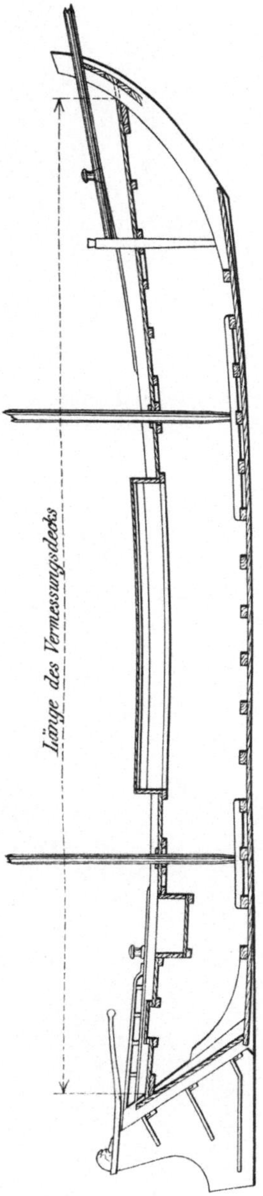
Länge des Vermessungsdecks

Fig. 17.

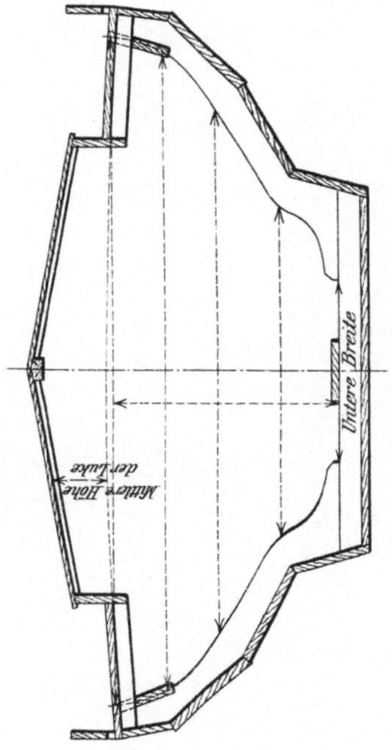
Mittlere Höhe der Luke
Untere Breite

Fig. 18.

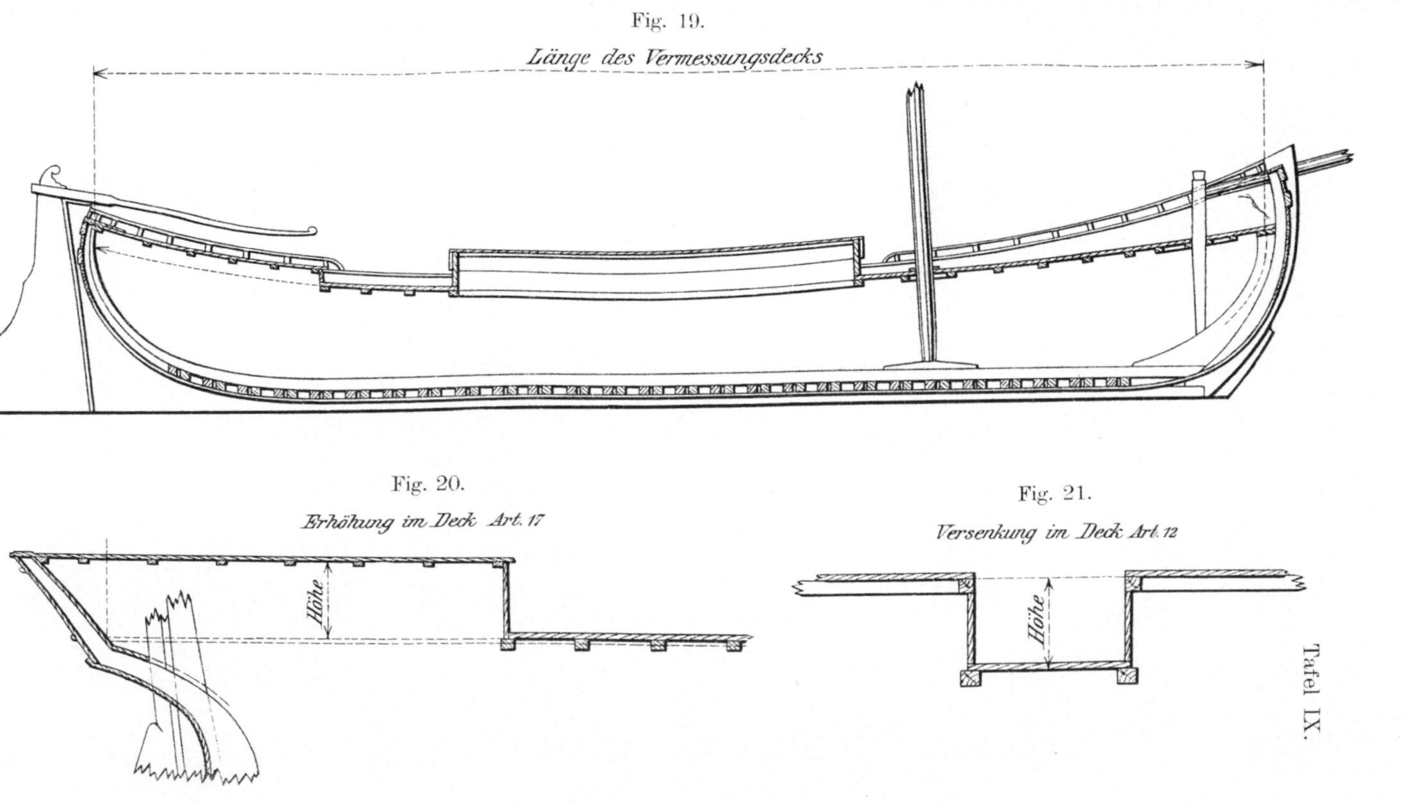

Fig. 19.
Länge des Vermessungsdecks
Fig. 20.
Erhöhung im Deck Art. 17
Höhe
Fig. 21.
Versenkung im Deck Art. 12
Höhe
Tafel IX.

Fig. 22 fällt fort.

Fig. 23.

Einteilung der Querschnitte nach §. 6 u. §. 11 S. V. O.

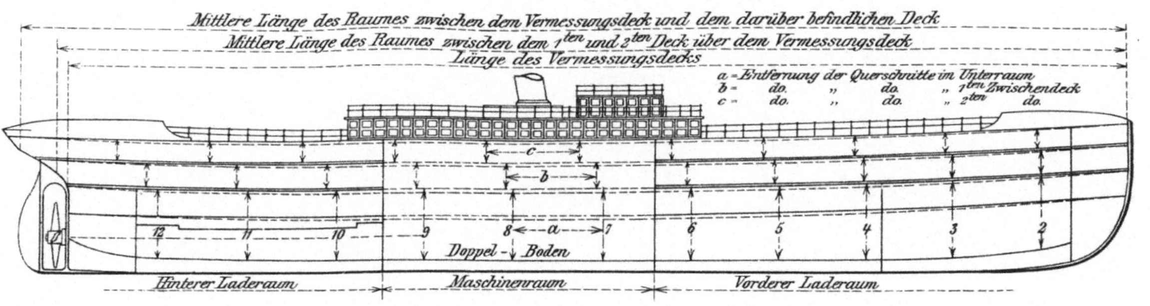

Fig. 24.

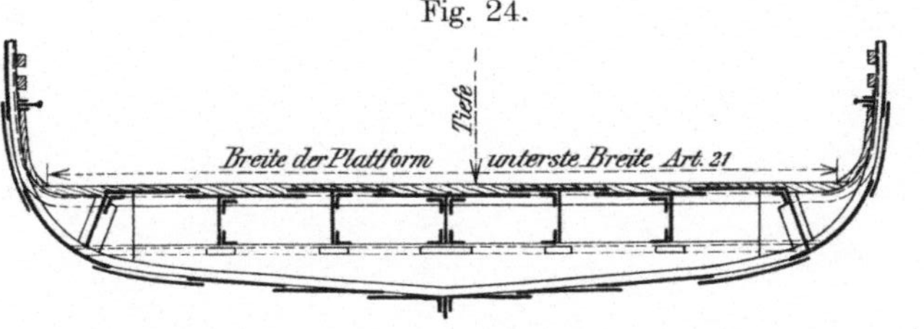